Abhandlungen
der Bayerischen Akademie der Wissenschaften
Mathematisch-naturwissenschaftliche Abteilung
XXX. Band, 9. Abhandlung

Höhenschichtenkarte der Deflationslandschaft in der Namib Südwestafrikas und ihrer Umgebung

Erläuterung zu der beigefügten Karte 1:25000

von

Erich Kaiser

Mit 3 Abbildungen

Vorgelegt am 6. Februar 1926

München 1926
Verlag der Bayerischen Akademie der Wissenschaften
in Kommission des Verlags R. Oldenbourg München

Inhaltsübersicht.

I. Die Entstehung der Höhenschichtenkarte.

Die von W. Beetz und E. Kaiser aufgenommene geologische Spezialkarte des südlichen Diamantengebietes in der Namib Südwestafrikas, die vor kurzem veröffentlicht werden konnte[1]), war aufgenommen worden auf der Grundlage einer topographischen Karte jenes Gebietes, welche aus den, von verschiedenen Diamantengesellschaften zum eigenen Gebrauch hergestellten Betriebsplänen und -karten zusammengestellt und zum Zwecke der geologischen Aufnahme weitgehend ergänzt und umgearbeitet worden war[2]).

Bei den morphogenetischen Untersuchungen, die sich an die geologische Aufnahme anschlossen und die mehrfach zu besonderen Ausführungen Veranlassung gaben[3]), erwies es sich nun als überaus fruchtbar, den eigenartigen Formenkomplex der südlichen Namib in einer farbigen Höhenschichtenkarte besonders darzustellen. Die beim Drucke der „Diamantenwüste“ nur in einem mit der Hand kolorierten Exemplar vorliegende farbige Höhenschichtenkarte ermöglichte mir, in größeren Zügen die Großformen der Oberfläche im Gebiete der geologischen Spezialkarte stratigraphisch zu gliedern und gegen einander abzugrenzen. Als Ergänzung zu den Ausführungen über die Morphogenesis der südlichen Namib konnte nun nach Abschluß des Werkes „Die Diamantenwüste Südwestafrikas“ noch diese farbige Höhenschichtenkarte veröffentlicht werden[4]), wozu die Bayer. Akademie der Wissenschaften erhebliche Mittel zur Verfügung stellte, wofür ich hiermit gerne meinen aufrichtigen Dank abstatte.

---

[1]) E. Kaiser, Die Diamantenwüste Südwestafrikas; zugleich Erläuterung zu einer geologischen Spezialkarte der südlichen Diamantfelder 1 : 25000, aufgenommen von W. Beetz und E. Kaiser. Mit Beiträgen von W. Beetz, J. Böhm, R. Martin †, H. Rauff, M. Storz, E. Stromer, W. Weißermel, W. Wenz, K. Willmann. 2 Bände, 321 und 535 Seiten, 13 Karten, 56 Tafeln, 158 Abbildungen, 32 Stereoskopbilder. Berlin, Verlag von Dietrich Reimer (Ernst Vohsen), 1926.

[2]) Näheres über die Entstehung dieser Karte siehe Diamantenwüste I, S. 11 u. f.

[3]) E. Kaiser, Morphogenetische Ergebnisse auf Reisen während des Krieges in Südwestafrika. Verh. des 20. Deutschen Geographentages zu Leipzig 1921, S. 159—175.

Ders., Neue topographische und geologische Karten der südlichen Namib Südwestafrikas. Verh. des 21. Deutschen Geographentages zu Breslau 1925, S. 71—93.

Ders., Die Diamantenwüste Südwestafrikas, Bd. II, S. 384—435, Abschnitt XXIX, Morphogenesis der südlichen Namib.

[4]) Um einen möglichst praktischen Gebrauch dieser ca. 3,5 m langen Karte zu ermöglichen, wurde eine einfache Leporellofaltung benutzt, die auch eine Einsichtnahme der Karte auf dem Arbeitstisch gestattet.

II. Die topographische Unterlage der Höhenschichtenkarte.

Die topographische Karte im Maßstab 1 : 25000, welche als Unterlage zur geologischen Spezialkarte und nunmehr auch zu der farbigen Höhenschichtenkarte diente, umfaßt den südlicheren Teil der Diamantenfelder und reicht von 26° 58′ bis 27° 39′ südlicher Breite und von der Küste aus im allgemeinen 12 bis 15 km landeinwärts. Die topographischen Aufnahmen sind über den größten Teil des Kartengebietes so genau (vgl. Diamantenwüste I, S. 13), daß Höhenschichtlinien von 10 zu 10 m durchgehend, stellenweise auch Hilfslinien von 5 m, eingezeichnet werden konnten. Nur in dem nördlichen Teile der Karte entspricht die Aufnahme nicht so den Anforderungen, welche zur Einzeichnung von genauen Höhenschichtlinien gestellt werden müssen. Deshalb kann eben das nördliche Gebiet nur als „Kartenskizze“ bezeichnet werden.

Auf der hier veröffentlichten Höhenschichtenkarte ist angegeben: „Der nördliche Teil, etwa von 27° 9′ s. Br. ab, bietet nur eine Kartenskizze“. Das soll zunächst heißen, daß die südlicher gelegenen Gebiete, das Pomonagebiet und das Gebiet der südlichen Felder der einstigen Deutschen Diamantengesellschaft, den Ansprüchen einer guten Isohypsenkarte vollauf entsprechen. Weiter ist aber auch in dem nördlich von dem Pomonagebiet gelegenen, als Kartenskizze bezeichneten Teile des Südblockes der früheren Vereinigten Diamantminen ein Teil mit guten Höhenschichtlinien versehen, gegen deren Richtigkeit keine Bedenken zu erheben sind. In einem mittleren Teile dieses Südblockes ist nämlich eine Süd-Nord gerichtete Zone, von der Nordgrenze des Pomonagebietes ab bis zur Südgrenze von Feld Liebestal, im Westen bis an die Hauptbergbaufelder, durch welche die Grubenbahn läuft und im Osten bis zu der Tangente an die Kreisfelder Liebestal und Kreuzfeld von Herrn Landmesser Dr. Mehl tachymetrisch aufgenommen worden, so daß die hier eingezeichneten Höhenlinien ebenfalls einwandfrei sind. Aber in den übrigen, gegen das Meer, gegen Norden und Osten gelegenen Teilen ist die Darstellung durch Höhenlinien wesentlich vereinfacht. Die eingezeichneten Linien geben keine Isohypsen, sondern nur ein relatives Bild der Höhenunterschiede. Um aber auch hier eine Unterlage für die farbige Darstellung der Höhenschichtenkarte zu gewinnen, habe ich auf Grund einzelner in die gedruckte Karte oder in Betriebspläne eingezeichneter Höhenmessungen und auf Grund eines genaueren Nivellements der Grubenbahn die auf der Karte enthaltenen schwarzen Linien zusammenzufassen und zu Höhenlinien umzugestalten gesucht. Daraus erklärt sich das hie und da auffallende Springen der jetzt eingezeichneten braunen Grenzlinie an einzelnen Höhenstufen von einer zur anderen schwarzen Linie. Eine solche rohe Darstellung, eben nur Kartenskizze, hat dort noch größeren Anspruch auf Genauigkeit, wo zahlreichere Fixpunkte vorliegen, also in der Nähe der Grubenbahn. Genaue persönliche Kenntnis des Gebietes und viele photographische Aufnahmen aus dem Gebiete unterstützten diese Arbeit wesentlich. Aber weiter ab von diesen Fixpunkten, namentlich nach Osten hin, wo schon die rohe Darstellung auffällt, darf eine größere Genauigkeit von der Karte nicht verlangt werden. Das führte auch dazu, daß der nordöstlichste Teil der Karten, welcher auf den geologischen Karten noch mitgedruckt worden ist, bei der Höhenschichtenkarte abgeschnitten wurde. Damit erhielt die Höhenschichtenkarte auch ein bequemeres Format als die geologische Spezialkarte, die auch anderen Zwecken dienen soll.

Wenn hier so ausführlich von den Ungenauigkeiten in dem nördlichsten Teile der Karte gesprochen worden ist, so darf man daraufhin die übrigen $^5/_6$ der Karte nicht mit gleichem Mißtrauen ansehen. Dort ist die Formdarstellung eine für unsere Zwecke völlig ausreichende, ja größtenteils vorzügliche. Man muß allen denen, die an der Herstellung dieser topographischen Karte mitgewirkt haben, besonders dankbar sein, ganz besonders aber Herrn Landmesser Dr. Mehl (vgl. Diamantenwüste I, S. 12).

Die in der lithographischen Anstalt von Dietrich Reimer (Ernst Vohsen) A.G. gestochenen Schwarzplatten der geologischen Spezialkarte wurden direkt zu dem Drucke der Höhenschichtenkarte benutzt, so daß alle auf den Schwarzplatten der geologischen Spezialkarte enthaltenen Signaturen auch auf der Höhenschichtenkarte wiedergegeben sind. So zeigt die Höhenschichtenkarte auch die schwarzen gestrichelten Linien der geologischen Grenzen, die Buchstabensignaturen der einzelnen geologischen Horizonte und für besondere Gesteine oder Erscheinungen. Die mit der Heidesignatur der preußischen Meßtischblätter versehenen Flächen bezeichnen die durch geringe Vegetation festgelegten Flugsandmassen. Manche schwarze Punktierungen oder Reissungen entsprechen besonderen geologischen Signaturen, dicke schwarze Linien Verwerfungen usw. Näheres über diese Aufdrucke ersieht man aus den Farbenschildern der geologischen Spezialkarte, zu der eben diese Höhenschichtenkarte eine Ergänzung bietet. Da die für den Druck der Höhenschichtenkarte zur Verfügung stehenden Mittel beschränkt waren, konnte eben eine völlige Umarbeitung der Schwarzplatten nicht mehr erfolgen. Ich glaube, daß man die dadurch in die Karte hinein gekommenen, für die Höhenschichtenkarte selbst entbehrlichen Zeichen übersehen wird. Daß die auf der geologischen Karte eingetragenen Zeichen für Streichen und Fallen auf der Höhenschichtenkarte mit enthalten sind, ist nur von Vorteil für die Entzifferung des Verhältnisses von Oberflächenformen zum Bau des Untergrundes.

III. Die Methodik zur Darstellung der Höhenschichtenkarte.

Die Veranlassung zur Herstellung der Höhenschichtenkarte wurde gegeben durch die farbenplastische Methode von E. Kremling[1]). Ich benutzte diese Methode sofort, nachdem sie mir bekannt geworden war, um die topographische Karte der Diamantfelder in der südlichen Namib Südwestafrikas plastisch, also zu einer farbigen Höhenschichtenkarte auszugestalten.

Das wichtigste der Kremlingschen Darlegungen für unseren Fall ist, daß uns hier eine geschickte, nach Farbenwirkung und Anschaulichkeit ausgewählte Farbenfolge vorgeschlagen wird, welche uns gestattet, das in der topographischen Karte durch die Isohypsen gegliederte Gelände formgetreu plastisch wiederzugeben. Hinzu kommt dann noch die Hervorhebung der die Farbenstufen gegen einander trennenden Schichtlinien durch die gegenüber unserer topographischen Karte verstärkten braunen Grenzlinien der einzelnen farbigen Höhenstufen, womit die Plastizität der Karte, wie unser Beispiel lehrt, sehr gehoben und die Abgrenzung der einzelnen Höhenstufen wesentlich erleichtert wird. Sagt

1) E. Kremling, Die Farbenplastik in Vergangenheit und Zukunft. Mitteil. d. geogr. Gesellschaft in München 18, 3. Heft. Auch als Sonderabdruck im Iroverlag München, Carl Kremling, 1925. 66 Seiten, 11 Tafeln.

schon E. Kremling (S. 48 des Sonderabdruckes) weiter, daß durch reine Höhenschichtenkarten das Gelände nicht gänzlich befriedigend dargestellt werden kann, so zeigt die Anwendung seiner Methodik in unserem Falle, wie die angewandte Schummerung erst die Form des Geländes zur vollen Geltung bringt. In unserem Falle, in dem die annähernd süd-nördliche Richtung vieler Rücken und Täler so besonders hervortritt, war von vornherein gegeben, eine von Westen nach Osten gerichtete Schattierung zu wählen, entsprechend einer schiefen Beleuchtung von Westen. Der Schlagschatten wurde mit einer grauen Farbe eingetragen und so zu der Farbenplastik eine Schattenplastik hinzugefügt.

Die bei unserer Karte verwendete Skala deckt sich mit der von Kremling vorgeschlagenen Skala (Tafel 3 des Sonderabdruckes) mit Ausnahme der zwei letzten Höhenstufen. Hier wurde ein Lila verwandt, welches zu den Gesamtfarben der Skala sehr gut paßt. So zeigt sich auch hier wieder, daß diese auf englischen Karten schon verwandte Farbe, wenn nötig, herangezogen werden kann (s. S. 15 des Sonderabdruckes).

Die von dem Erfinder der farbenplastischen Karten Peucker angewandten grauen Töne für die untersten Höhenschichten (s. S. 10 des Sonderabdruckes) hätten nicht zum Erfolge geführt.

Es mußte jedoch in einem wichtigen Punkte von den Grundsätzen abgewichen werden, die von E. Kremling in den Vordergrund gestellt waren. Besonders A. Papen[1]) hatte bereits mehrfach das Prinzip der Maßanschaulichkeit betont, wonach für gleiche Höhenstufen verschiedener farbenplastischer Höhenschichtenkarten auch gleiche Farbentöne zu verwenden seien. Bei dem sehr großen Maßstabe der vorliegenden Karte konnte aber diese Flächentreue nicht gewahrt bleiben, sondern es mußte nun zur Erzielung eines formenplastischen Bildes die von E. Kremling vorgeschlagene Farbenfolge (Skala) auf einen sehr viel geringeren Höhenbereich angewandt werden, als er bei den meisten Karten vorliegt, bei denen eine solche Farbenfolge zur Erzielung eines plastischen Bildes sonst benutzt wird. Im Gegensatz zu den Karten, für welche die verschiedenen Farbenskalen aufgestellt sind, handelt es sich ja bei uns nur darum, die Farbenskala formenplastisch zu verwerten, nicht darum, nun die hier vorliegende Karte nach der Wahl der Farbtöne mit etwaigen gleichen Höhenstufen anderer Karten zu vergleichen, wie ja auch E. Kremling (S. 63 des Sonderabdruckes) bereits sagt, daß Karten in einem größeren Maßstabe als 1 : 100000 für die farbenplastische Methode kaum in Frage kommen.

Diese allgemeinen Bemerkungen über die Methodik der Darstellung mögen genügen. Wer weiteres darüber nachlesen will, muß die angegebene Schrift von Kremling zu Rate ziehen.

Die Drucklegung der Karte erfolgte unter besonderer Hilfeleistung von Herrn Dr. Kremling in der lithographisch-geographischen Anstalt Joh. Roth sel. Wwe. in München. Herrn Dr. Kremling sage ich herzlichen Dank für die große Mühe, die er sich bei der Durchführung der Arbeiten gegeben hat, der lithographischen Anstalt aber für die drucktechnische Wiedergabe, aus der wir erst einen richtigen Überblick über die eigenartigen Formen dieser Landschaft erhalten.

---

[1]) Bei Kremling, S. 2 und 41 des Sonderabdruckes.

IV. Die Formentypen der südlichen Namib.

Das Gebiet der topographischen und geologischen Spezialkarte ist durch eine ganz besondere Geländeform ausgezeichnet, die nach mehreren Richtungen hin das Interesse des Geologen und des Geographen erweckt. Durch die in der Wüste sich abspielenden Vorgänge der chemischen Verwitterung mit nachfolgender Deflation ist hier eine Landschaftsform von vielen nebeneinander befindlichen Hohlformen (Wannen) geschaffen worden, die ich wegen der hervorragenden Bedeutung, welche die Deflation trotz gegenteiliger Angaben hat, als Deflationslandschaft oder auch als Wannenlandschaft bezeichnete[1]). Aber neben dieser Deflationslandschaft treten auch innerhalb des Kartengebietes noch mehr oder weniger ausgedehnte Stücke anderer Landschaftstypen auf, welche das vielfach gegliederte Gebiet der Deflationslandschaft mit ihren vielen, nebeneinander befindlichen Hohlformen begrenzen oder unterbrechen.

Die Kartenbegrenzung war durch die wirtschaftlichen Verhältnisse bedingt, gegeben durch die Umgrenzung der Diamantfelder, da ja überhaupt der Diamantenabbau erst die Untersuchungen ermöglichte und eine eingehendere Untersuchung der abseits gelegenen Gebiete durch mehrfache Umstände sehr behindert war. Gerade dort, wo innerhalb des Kartengebietes Vorgänge der chemischen Verwitterung und Deflation am stärksten eingegriffen und das Gelände vielfältig umgestaltet haben, dort ist auch eine intensive Anreicherung an Diamanten erfolgt. Eine Anreicherung von Diamanten durch fluviatile Vorgänge tritt wohl an anderen Stellen besonders hervor, aber innerhalb unseres Kartengebietes nur in geringerem Umfange, während außerhalb unseres Kartengebietes fluviatil vorgebildete Diamantseifen eine wesentlich größere Rolle spielen[2]). Das Gebiet der hier

---

[1]) Wenn der eine oder andere auch den einen Entstehungsbegriff nicht enthaltenden Ausdruck „Wannenlandschaft" vorziehen möchte, so halte ich doch den Ausdruck „Deflationslandschaft" für viel besser, da er auch gleich eine Ansicht über die Entstehung gibt, über die nach Lage der Dinge wohl eine Einigung zu erzielen ist.

[2]) Dieser Gegensatz in dem Auftreten der Diamanten ist in dem Hauptwerke noch nicht genügend hervorgehoben worden. Er tritt uns aber scharf entgegen, wenn wir von den Ausführungen in dem morphogenetischen Abschnitte des Hauptwerkes ausgehen. Man kann direkt Diamantseifen in fluviatilen Ablagerungen und in Deflationsrückständen (vgl. hierüber Diamantenwüste II, 223 u a.) voneinander unterscheiden. Letztere sind aus ersteren hervorgegangen und Übergangstypen sind schwer einzuordnen. Bei ersteren spielen die wohl schon in der Kreidezeit abgeflossenen „älteren" und die zumeist wohl im Untermiozän abgeflossenen „jüngeren Reviere" eine besondere Rolle. (Vgl. W. Beetz in Diamantenwüste II, S. 14 u. f. und 41 u. f., E. Stromer, ebenda II, S. 145 und E. Kaiser, ebenda II, S. 329 u. f.) Daß das Material zu den Deflationsrückständen, in denen die Diamanten, wie z. B. in dem südlichen Pomonagebiete und den südlich anschließenden Lüderitzfeldern, so besonders angereichert sind, ursprünglich auch durch fluviatile und fluvio-aride Vorgänge zugeführt ist, ist zum mindesten wahrscheinlich. Aber durch die Wanderung des Materials innerhalb der einzelnen Hohlform — durch die Wirkung des Windes und episodischer kurzer Regenrinnsale, vgl. Diamantenwüste II, 330 u. f. — ist heute zumeist jeglicher Hinweis auf die einst fluviatile oder fluvio-aride Zuführung verwischt worden.

Wenn man den hier erörterten Gegensatz des Auftretens der Diamanten in genetisch verschiedenartigen Diamantseifen einmal im Vergleiche der verschiedenen Vorkommen in der Namib Südwestafrikas besonders beachtet, dann werden sich die früher häufiger erörterten Unterschiede der einzelnen Diamantvorkommen, z. B. nach Größe und Güte der Diamanten, vielleicht besser erklären lassen. Dieser Anregung wegen sei diese mit der Höhenschichtenkarte wenig zusammenhängende Fußnote beigefügt.

wieder gegebenen Karte ist eben das durch die Deflation am stärksten umgewandelte Stück der südlichen Namib, während außerhalb desselben die zu anderen Zeiten viel stärkeren Vorgänge fluviatiler Zerschneidung und Aufschüttung sowie flächenhafter (fluvio-arider und trockener) Eindeckung eine wesentlich größere Rolle spielen. Aber auch in unser Gebiet ragen diese Wirkungen anderer Vorgänge besonderen Alters und abweichender Formwirkung noch hinein.

Die verschiedenen formgestaltenden Vorgänge sind ausführlich in der „Diamantenwüste Südwestafrikas" behandelt worden. Es ist nicht möglich, hier alle diese Vorgänge nochmals zu besprechen. Es möge nur auf einige Punkte hingewiesen werden, welche für die Betrachtung der vorliegenden Höhenschichtenkarte wichtig sind. Es soll dabei die in der „Morphogenesis der südlichen Namib" gegebene stratigraphische Gliederung der Oberflächenformen (Diamantenwüste II, 384—435, besonders 435) in den Vordergrund gestellt werden. Weitere Einzelheiten sind in dem Hauptwerke nachzulesen, zu welchem die hier vorgelegten Ausführungen nur eine Ergänzung bieten können. Selbstverständlich können aber auch hier nur die größeren Stücke der einzelnen Formen hervorgehoben werden, eben dann, wenn sie flächenhaft verbreitet sind. Hier verwandte besondere Ausdrücke sind in dem Hauptwerke erläutert.

1. Kretazeische Landoberfläche und deren Eindeckungsfläche.

Als Wirkung einer weitgehenden, flächenhaften Abtragung und darauf folgenden Eindeckung sehen wir namentlich weiter im Innern in der Flächennamib (Diamantenwüste I, 33, II, 397 u. f.) eine fastebene bis flachwellige Landschaft mit flachem Anstiege nach dem inneren Steilanstiege zu dem innerafrikanischen Hochplateau. Weit anhaltende Schuttkegel schieben sich von diesem Steilanstiege wie von einzelnen, herausragenden Zeugen- und Inselbergen vor. Zeitweise stärkere fluviatile und fluvio-aride Aufschüttung prägt sich darin aus. W. Beetz hat solche Schotterschuttkegel besonders untersucht und deren Bedeutung hervorgehoben (Diamantenwüste II, 10 u. f., 14 u. f.). Einer dieser kretazeischen Schuttkegel tritt, durch spätere Vorgänge wohl etwas, aber doch verhältnismäßig nur wenig verändert, auf der Höhenschichtenkarte deutlich hervor: 27° 20—24′ s. Br. 15° 26—30′ L.[1]) Er entspricht einem Schuttkegel der Quarzitschotter (Beetz in Diamantenwüste II, 14 u. f.) und ist von späterem Schutt und Flugsand nur wenig überdeckt, auch durch spätere aride Abtragung nur wenig zerschnitten, so daß seine Form an der heutigen Oberfläche noch gut erkennbar ist. Er liegt eben schon am Rande der durch Deflation stärker abgetragenen Deflationslandschaft gegen die Flächennamib.

Die flächenhafte Ausbildung dieser alten Landoberfläche, welche durch eine starke Kalk- und stellenweise auch Kieselverkrustung ausgezeichnet ist, sehen wir am besten ostwärts von unserem Kartengebiete. Die Abbildungen in Diamantenwüste II, Taf. 13, Abb. 3, Taf. 14, Abb. 1—2, Taf. 15, Abb. 1, Taf. 25, Abb. 1 erläutern diese Landschaftsform. An vielen Stellen liegt der Rand dieser flächenhaften Ausbildung der Flächennamib

[1]) Die Breitenangabe ist hier vorangesetzt wegen der leichteren Auffindbarkeit auf der zusammengelegten Karte. Die Breiten- und Längenangaben in diesen Erläuterungen zeigen meist nicht eine genaue Ortsbestimmung, sondern den nächsten auf der Karte leicht auffindbaren Schnittpunkt an, bei dem die betreffende Örtlichkeit liegt.

(Diamantenwüste II, 407) gerade ostwärts von dem Ostrande unserer Karte, zuweilen mit scharfer Kante aufsetzend, manchmal auch mit flachem Anstieg aus der stärker abgetragenen Landschaft hervorgehend.

Die geologischen Untersuchungen von W. Beetz zeigten dann noch, daß ein Teil der Flußläufe auf dieser alten Landoberfläche bereits tiefer eingeschnitten ist. Diese ältesten erkennbaren Flußläufe (ältere Revierzeit von Beetz) heben sich aber noch nicht im Großen morphologisch ab, so daß sie auf der Höhenschichtenkarte nicht so hervortreten, wie die jüngeren, untermiocänen Flußläufe.

Diese alte Landoberfläche zeigt aber auch heute noch eine Reihe von Senken mit rundlicher oder gestreckter Gestalt erhalten, in welche die jüngeren Ablagerungen von der alten Landoberfläche sich absenken. Die von W. Beetz (Diamantenwüste II, 7) besonders hervorgehobene alte Senke bei Buntfeldschuh (27° 35′ s. Br., 15° 34′ L.) ist durch spätere Vorgänge so umgestaltet, daß sie auf der Höhenschichtenkarte nicht mehr hervortritt. Auch eine alte Senke bei Station Granitberg (27° 23′ s. Br., 15° 24′ L.) und Bogenfels (27° 26′ s. Br., 15° 24′ L.) ist ebenfalls späterhin so weit umgearbeitet worden, daß die jüngeren Formelemente mehr hervortreten. Auch am Südrand des Pomonagebietes muß eine bis auf die Lüderitzfelder hinüber greifende Senke bestanden haben, deren Form heute nur andeutungsweise noch zu erkennen ist.

Besser erhalten sind kleinere Senken, die nahe dem Rande der heute im Zusammenhange noch erhaltenen alten Landoberfläche liegen. So treten uns im östlichen Pomonagebiete mehrere Senken entgegen, die von den namengebenden Prospektoren und anderen ersten Erkundern als Dünenfläche (27° 13′ s. Br., 15° 23′ L.), Springbockfläche (27° 11—12′ s. Br., 15° 22′ L.) (Abbildung in Diamantenwüste II, Tafel 21, Abb. 1), Schwarzkuppenfläche (27° 9 – 11′ s. Br., 15° 22′ L.) und Adolfsfläche (27° 10′ s. Br., 15° 21′ L.) bezeichnet worden sind. Sie treten mit ihren rundlichen oder elliptisch gestreckten Formen deutlich als fremdartige Gebilde namentlich gegenüber der weiter westlich gelegenen Deflationslandschaft hervor. Die auf der fastebenen Hochfläche auftretenden Ablagerungen der Pomonaschichten ziehen in diese alten Senken hinunter, womit eben das hohe Alter dieser Senken bewiesen wird. Die spätere Umgestaltung ist an diesen zuletzt aufgezählten Senken nur gering, aber um so stärker, je weiter sie nach Westen, also im Bereiche der stärkeren Deflation liegen. Die Sohle dieser alten Senken zeigt stellenweise noch heute die gleiche tiefgründige Verwitterung, wie wir sie auch sonst unter den Pomonaschichten feststellten. Die hier weiter im Inneren schwächere Deflation hat auch heute noch nicht diese Reste einer alten chemischen Verwitterung abtragen können. Die randlichen Dolomite an diesen Senken und in deren Innerem sind stark verkieselt. Auch das ist ein Zeichen für das hohe Alter dieser Formen.

Ob bei Elisabethfelder-Wüstenkönig am Nordrande der Karte (26° 59′ – 27° 0′ s. Br., 15° 16′ L.) bereits eine alte Senke bestanden hat, ist nicht festzustellen. „Die dort gefundene Fauna ist jünger als die marinen, wahrscheinlich mittel- bis obereocänen Ablagerungen. Prämitteleocäne Ablagerungen wurden dort nicht nachgewiesen“ (Beetz in Diamantenwüste II, 8). Über das weiter nördlich gelegene Gebiet lassen sich nach dem heutigen Stande der Kenntnisse keine Angaben machen, doch werden die neueren Untersuchungen von Herrn Dr. Beetz auch dort noch alte Formen in der Landschaft feststellen.

Die alte Landoberfläche ist weiter noch daran kenntlich, daß sich auf ihr Karrenbildung, Verkarstung und Dolinen finden. Diese Kleinformen treten aber auf der Höhenschichtenkarte nicht hervor.

Die Entstehung dieser Formen ist auf eine weitgehende Abtragung unter höheren Niederschlägen zurückzuführen, so daß ich diese Landoberfläche als eine Endrumpffläche im Sinne von W. Penck angesprochen habe (Diamantenwüste II, 426/7). Die Eindeckung derselben aber entspricht schon einem Trockenklima. Die großen Schotterschuttkegel, von denen ein Stück auch noch morphologisch gut erkennbar in unser Kartengebiet hinübertritt, deuten auf nur wenig stärkere Niederschläge, auf die Wirkung größerer Schichtfluten hin.

2. Mittel- bis obereocäne Strandformen.

Die Ablagerungen der nach den Untersuchungen von J. Böhm (Diamantenwüste II, 55—87) mittel- bis obereocänen, marinen Ingression sind in Strandnischen, Strandkolken und Strandwällen abgelagert (Beetz in Diamantenwüste II, 30 u. f.). Diese gehören aber zu den auf der Höhenschichtenkarte nicht hervortretenden Kleinformen. Eine Abrasionsstufe dieser marinen Ingression ist stellenweise erhalten (Diamantenwüste II, Tafel 22, Abb. 1), die aber auch durch spätere Vorgänge so umgestaltet ist, daß wir sie flächenhaft in dem Maßstab der Höhenschichtenkarte nicht erkennen.

3. Untermiocäne Erosionsformen.

Nach der marinen Ingression des Eocän setzte nochmals eine lebhaftere Flußtätigkeit ein, die W. Beetz als die jüngere Revierzeit benannte (Diamantenwüste II, S. 41 u. f.). Die durch diese stärkere fluviatile Tätigkeit hervorgerufenen Formen sind auf weite Erstreckung hin auffallend gut erhalten und beeinflussen das Bild unserer Höhenschichtenkarte ganz wesentlich.

Die Ablagerungen dieser untermiocänen Flußtätigkeit zeigen sich einmal in einer großen flächenhaften Überschotterung. Zwei hierhin gehörige Talsysteme haben in dem etwa 25 km im Osten unseres Gebietes gelegenen Klinghardtgebirge ihren Ursprung. W. Beetz bezeichnete sie als Glastal und Gemsbocktal. Ihre Ablagerungen reichen in großer Breite bis in das Gebiet der Höhenschichtenkarte. Sie sind hier als Schotterterrassen schon früh aufgefallen (Diamantenwüste II, 41). Wenn auch die Ufer dieser Flußaufschüttungen noch festzustellen sind, so zeigen sie sich doch auf unserer Höhenschichtenkarte als eine große, einem flachen Schuttkegel ähnliche Form, sich anlehnend an den Schuttkegel der älteren Revierzeit (vgl. vorne S. 10/11). Der größte Teil des Gebietes zwischen 27° 23—30′ s. Br. und 15° 28—32′ L.) mit seinem flachen Abfall nach Südwesten und seinem weiten flachwelligen Gelände gibt uns diese Schotterauffüllung eines jüngeren Revieres als eine morphologisch gut hervortretende Form. Ungleichmäßig ist auch hier, namentlich gegen die äußere Grenze der Schotterauffüllung hin, die Erhaltung der Form.

Tritt bei der Breite dieser Schotterauffüllung von Glas- und Gemsbocktal die Erosionsrinne nicht so hervor, so ist dies bei den anderen erhaltenen Flüssen der jüngeren Revierzeit um so deutlicher. Sie zeigen sich noch heute im Landschaftsbilde als scharf eingeschnittene Rinnen. Die Erhaltung derselben ist aber auch noch ungleich. Die auch hier wieder als Abb. 1 abgedruckte Übersicht über die alten längst zur Ruhe gekommenen

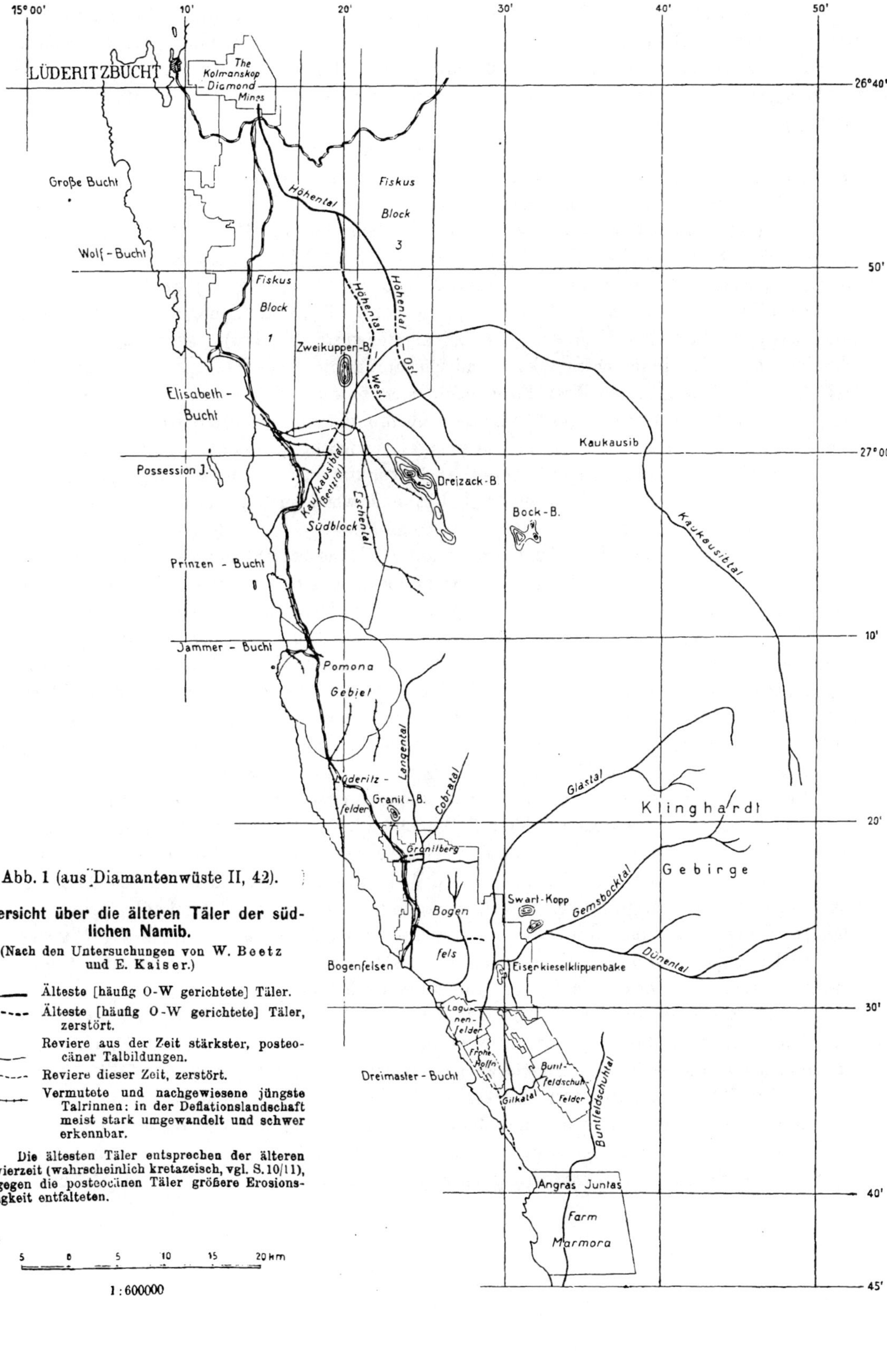

Abb. 1 (aus Diamantenwüste II, 42).

Übersicht über die älteren Täler der südlichen Namib.

(Nach den Untersuchungen von W. Beetz und E. Kaiser.)

- Älteste [häufig O-W gerichtete] Täler.
- Älteste [häufig O-W gerichtete] Täler, zerstört.
- Reviere aus der Zeit stärkster, posteocäner Talbildungen.
- Reviere dieser Zeit, zerstört.
- Vermutete und nachgewiesene jüngste Talrinnen: in der Deflationslandschaft meist stark umgewandelt und schwer erkennbar.

Die ältesten Täler entsprechen der älteren Revierzeit (wahrscheinlich kretazeisch, vgl. S. 10/11), wogegen die posteocänen Täler größere Erosionstätigkeit entfalteten.

Flußtäler der südlichen Namib (Diamantenwüste II, 42) zeigt uns deren Talformen, die wir nach dieser Abbildung zum großen Teile auf der Höhenschichtenkarte wieder finden. Herr Dr. Beetz hat sich um die Entzifferung dieser Talläufe besonders verdient gemacht. Sie kommen auf der Höhenschichtenkarte überall dort gut zum Ausdruck, wo sie nicht durch spätere Vorgänge zerstört sind.

In erster Linie zu nennen ist das Langental mit seinen Nebentälern Teufelstal und Cobratal. Das Langental ist vom Osten des Pomonagebietes (außerhalb der Karten, etwa bei 27° 12′ s. Br. 15° 24′ L.) bis nach Bogenfels hin verfolgbar. Dieses Tal tritt in den Bereich der Höhenschichtenkarte etwa 1 km südöstlich von 27° 18′ s. Br. 15° 24′ L. und ist über 27° 20′ s. Br. 15° 24′ L., 27° 22′ s. Br. 15° 25′ L., 1 km östlich von 27° 24′ s. Br. 15° 24′ L. nach der Station Bogenfels (bei 27° 26′ s. Br. 15° 24′ L.) gut zu verfolgen. Hier wird dann wohl die alte Mündung in einer jetzt völlig durch junge Anschwemmung verlandeten Bucht gelegen haben (vgl. Diamantenwüste II, 416). Diese alte Talung schneidet auf der Höhenschichtenkarte mitten durch die Deflationslandschaft hindurch. Daß diese alte Talung heute ihrer Form nach noch so gut erhalten ist, rührt davon her, daß sie schon durch die untermiocäne Erosion ebenso tief eingeschnitten ist, wie die Hohlformen der Wannenlandschaft durch die postuntermiocänen Vorgänge. Aber stückweise sehen wir eine Auflösung dieser Talung auch bereits durch spätere Vorgänge, indem kleine Wannen jetzt dem Tallaufe eingeschaltet und wenn auch nicht tief, so aber doch deutlich, ihm eingesenkt sind.

Von den Nebentälern tritt das Cobratal auf der Höhenschichtenkarte deutlich hervor, südwestlich von 27° 20′ s. Br. 15° 26′ L. Nicht mehr so gut erkennbar ist in den Oberflächenformen das andere Nebental, das Teufelstal. Deflationsformen haben an zahlreicheren Stellen in diese alte Talung bereits eingeschnitten und die Erosionsformen zerstört, während es an den Ablagerungen in diesem Tale auf der geologischen Karte deutlicher hervortritt. Einige Stellen, aus deren Verbindung man diesen Tallauf auch auf der Höhenschichtenkarte verfolgen kann, seien aufgezählt: Westlich vom Granitberg bei 27° 20′ s. Br., 15° 22′ L., nördlich von der Station Granitberg etwa 1 km westlich von 27° 22′ s. Br., 15° 24′ L., Mündung durch ein schmales Tor in das Langental bei 27° 24′ s. Br., 15° 24′ L.

Das Langental ist durch die in seinen Ablagerungen von W. Beetz aufgefundene und von E. Stromer bearbeitete Fauna (Diamantenwüste II, 107—153) stratigraphisch festgelegt. Die in sandigen Mergeln aufgefundene Fauna weist auf untermiocänes Alter hin.

Während dann westlich des Langen- und Teufelstales durch den größten Teil der Karte hindurch alle angenommenen Talformen, die auch in Abbildung 1 als „zerstört“ oder „vermutet“ bezeichnet wurden, recht hypothetischen Wert haben und in der Höhenschichtenkarte ganz durch Deflationsformen verwischt sind, ist dann erst gegen den Nordrand der Karten hin wieder ein System von alten Flußläufen erkennbar.

In der Senkung bei den Elisabethfeldern (26° 59′ s. Br. 15° 16′ L.) geht die Oberfläche noch heute bis unter den Meeresspiegel, nach dem mir vorliegenden Nivellement der Grubenbahn auf — 2,8 m. Die Senke ist mit mächtigen Ablagerungen erfüllt, so daß hier die Oberfläche tief unter dem Meeresspiegel gelegen haben müßte, wenn nicht eben dieses Gebiet durch die Verbiegung der alten Landoberfläche (Diamantenwüste II, 432 u. f.) erst in relativ junger Zeit abgesenkt worden wäre. Die Ablagerungen in dieser Senkung enthalten eine Fauna, deren Bestimmung durch E. Stromer (Diamantenwüste II, 107 u. f.)

durchgeführt wurde und ein untermiocänes oder höchstens oberoligocänes Alter dieser Ablagerungen ergab. Dieser Senkung bei den Elisabethfeldern strömte nun ein System von Rinnen zu, die in süd-nördlicher bis südost-nordwestlicher Richtung verlaufen und auf der Höhenschichtenkarte noch gut erkennbar sind. Weshalb gerade hier die Erosionsformen noch so gut erhalten sind, darauf komme ich später (S. 25/26) zurück.

In der Umgebung der Elisabethfeldersenke kommen verschieden alte Täler zusammen, über deren Entzifferung Herr Dr. Beetz in seinen Mitteilungen über das weiter nördlich gelegene Gebiet noch berichten dürfte. Ein Teil dieser Talungen ist in Abb. 1 nach den Angaben von Beetz bereits mit aufgenommen worden. Innerhalb des Gebietes unserer Karte ist am ausgeprägtesten das von W. Beetz schon 1916 erkannte Tal, das ich nach ihm als das Beetztal benannte. Es ist nach den Untersuchungen von W. Beetz der Unterlauf eines älteren Ablaufes des weit landeinwärts nach der Wasserstelle Kaukausib (26° 59′ s. Br. 15° 39′ L.) verfolgbaren Kaukausibtales, das in Abb. 1 mit dargestellt ist. Leider fehlt der Name Beetztal auf der Höhenschichtenkarte, während er in Abb. 1 angegeben ist. Die Talform ist auf der Höhenschichtenkarte nordwestlich von Feld Chamäleon, östlich von 27° 1′ s. Br. 15° 18′ L., am Ostrand von Feld Merkur bei 27° 2′ s. Br., 15° 18′ L. und dann durch die Felder Liebestal und Ginnestal hindurch, in welchen beiden es von der Grubenbahn benutzt wird, verfolgbar. Am Südrand von Feld Ginnestal bei 27° 4′ s. Br. 15° 16′ L. endet dann dieses Tal deutlich als Hängetal etwa 40 m über dem Meere.

Sicher ist auch, daß an den Faltenbau der Namaformation angelehnte weitere Täler bereits in untermiocäner Zeit vorhanden waren, dann aber späterhin durch die Ausbildung der Wannen verwischt worden sind. Es ist sogar wahrscheinlich, daß manche Wannenbildung an solche Längstäler angeknüpft hat, zunächst nur deren Form vertiefend, wie wir auch bei dem auf längere Erstreckung als Längstal dem Schichtenbau angepaßten Langental eine streckenweise deutliche Umformung zu Wannen, aber zumeist nur in den Anfängen der Umformung, erkennen.

Es möge endlich auch an dieser Stelle noch darauf hingewiesen werden, daß die Erosionstätigkeit in der südlichen Namib mit dieser untermiocänen Talbildung aufhört, und daß heute keiner dieser Talläufe mehr zum Abfluß auf längere Strecken hin benutzt wird. Im Gegensatze dazu stehen die Verhältnisse in der nördlichen Namib, wo die in untermiocäner Zeit in ähnlicher Weise tätigen Flüsse noch weiter vertieft und rückwärts bis auf das innere Hochplateau Südafrikas verlängert worden sind. Ich sehe darin ein Zeichen dafür, daß die südliche Namib früher aufgetrocknet ist, als die nördliche Namib. Extrem-arides Klima ist in die südliche Namib bereits bald nach der untermiocänen Reviertätigkeit eingezogen. Damit hat dann ein rückwärtiges Einschneiden der Flüsse in der südlichen Namib bereits zu dieser Zeit aufgehört (vgl. Diamantenwüste II, 410/411).

4. Die postuntermiocäne Deflationslandschaft.

Wie schon der Titel der Karte andeuten soll, wird der größte Teil des Kartengebietes von der Landschaftsform eingenommen, die ich als Wannenlandschaft gegenüber der Flächennamib besonders abgehoben habe, die sich auch in der Natur durch ihre völlig andere Geländebeschaffenheit leicht von jener unterscheiden läßt. Die Entstehung der Wannenlandschaft habe ich zurückgeführt auf die Vorgänge der chemischen

Verwitterung mit nachfolgender Deflation[1]). Dabei hat die letztere die größere Bedeutung für die Landschaftsform, so daß ich diesem Landschaftstypus den Namen Deflationslandschaft gegeben, aber auch betont habe, daß eine ähnliche Erklärungsart für derartige Landschaftsformen bereits früher mehrfach, so z. B. von G. K. Gilbert 1895, E. Stromer 1905, 1914, A. Penck 1909, Ch. R. Keyes 1909 unabhängig voneinander gegeben worden ist[2]).

Die chemisch leichter angreifbaren Gesteine sind selbstverständlich stärker fortgeschafft worden, während für Wasser schwer durchlässige und damit auch für die chemische Verwitterung widerstandsfähigere Gesteine dann als eine besondere Form von Härtlingen herausmodelliert werden. Damit wird die Form der Hohlformen den tektonischen Lagerungsformen des Untergrundes angepaßt. So werden in unserem Gebiete, in dem eine Einfaltung der Namaschichten in einen krystallinen Untergrund vorliegt, die Einmuldungen der Namaschichten herausgearbeitet, und an Stelle der Mulden treten die Wannen. Sie sind sehr häufig deutlich symmetrisch dem Muldenbau angepaßt, bilden oft Synklinalwannen, während sie an anderen Stellen auf dem einen Schenkel einer Mulde einschneiden und auf einer etwas widerstandsfähigeren Bank absinken, wie ein Isoklinaltal bei Erosionsvorgängen, weshalb ich in diesen Fällen von Isoklinalwannen (Scheidewannen) spreche. Beispiele für an eine Aufsattelung geknüpfte Wannen sind mir nicht bekannt, mögen aber zeitweise vorkommen. Derartige Antiklinalwannen gehen aber sicher bald in die Lage von Isoklinalwannen über[3]). Wenn die an eine Mulde der Namaformation geknüpfte Wanne so weit eingetieft ist, daß die Schichten der Namaformation völlig ausgeräumt worden sind, dann sinkt die Wanne auch noch tiefer in den krystallinen Untergrund ein, so daß einige Hohlformen des westlichen Teiles des Pomonagebietes und des südlich anstoßenden Gebietes (etwa zwischen 27° 10—18′ s. Br. 15° 16—18′ L., im südlichen Teile auch noch weiter östlich) nichts mehr von den Schichten der Namaformation zeigen, an welche ihre Bildung doch zweifellos anknüpfte.

Begünstigend für die Ausbildung der Wannenlandschaft kommt noch hinzu, daß die herrschende Windrichtung meist nur um einen kleinen Winkel von der Richtung der tektonischen Leitlinien im Untergrunde der Namib[4]) abweicht. Damit wird die Deflation befördert, aber die Ausbildung der Hohlformen kann damit in keiner Weise der Korrasion (dem Sandschliff) zugeschrieben werden, wie dies S. Passarge[5]) versuchte. Wenn ich mich bereits gegen die Darstellung von S. Passarge scharf ausgesprochen habe, so will ich doch hier noch einige weitere Daten zu dieser doch nicht so unfruchtbaren Diskussion über ein Thema beibringen, dessen Erörterung mir bei meinen Arbeiten in der südlichen Namib bei den bis dahin vorliegenden Darlegungen von S. Passarge völlig unmöglich

[1]) Zeitschr. d. D. geol. Ges. 1920, 72, Monatsber. S. 64 u. f.; Abh. d. Gießener Hochschulgesellschaft 1920, 2, S. 36; Verhandl. d. 20. Deutschen Geographentages Leipzig 1921, S. 160 u. f.; Verhandl. d. 21. Deutschen Geographentages Breslau 1925, S. 80 u. f. Die Diamantenwüste, Bd. II, S. 390 u. f. neben anderen Stellen dieses Werkes.

[2]) Näheres und Literaturangaben in Diamantenwüste II, 248, 396.

[3]) Nähere Erläuterung von Synklinal-, Isoklinalwanne usw. mit Abbildungen siehe Diamantenwüste II, 390 u. f.

[4]) Karte 13 zu Band I der Diamantenwüste gibt einen Überblick über die tektonischen Leitlinien.

[5]) S. Passarge in W. Salomon, Grundzüge der Geologie, 1. Bd., Stuttgart 1924, S. 684 und 690.

erschien. Denn sonst hätte ich ein großes Ziffernmaterial ohne Schwierigkeiten beibringen können, während ich mich jetzt für die ziffernmäßige Darstellung nur auf die Karten, einige weitere Angaben auf meinen Aufnahmeblättern und in meinen Routenbüchern stützen kann.

Außer aus den zahlreichen Aufzeichnungen über die Windrichtungen in Bogenfels und Pomonahügel (Zahlenreihen 13 bis 18 in: Diamantenwüste II, 215—219) ergeben sich die Hauptwindrichtungen aus dem Wandern der Barchane, aus der Richtung der Hauptsandwehen oder aus den Korrasionsfurchen, wie sie nicht nur in der Korrasionslandschaft auftreten (vgl. Diamantenwüste II, 231, 408). Diese Richtung ist nicht selten aus den Karten abzulesen, so daß ich über die Beziehungen der Hohlformbildung zur Windrichtung und zum tektonischen Bau des Untergrundes einige Zahlenreihen geben kann.

Zahlenreihe 1 bringt zunächst Messungen in einem Streifen, der west-östlich durch das Pomonagebiet gelegt ist, über welchen Streifen ich bereits Ziffern über das Wandern der Barchane gab (Diamantenwüste II, 220):

Zahlenreihe 1.

West-östlicher Streifen durch das Pomonagebiet.

	s. Breite	Länge	Richtung der Barchane	Hauptrichtung der Faltung im Untergrunde	Hauptrichtung der Hohlformen	Richtung der Korrasionsfurchen
Weites Tal	27° 12–14′	15° 16′	N 10° W	[N 14° W]	N 12° W	
Idatal	27° 14–15′	15° 18½′	N 15° W	N 10° W	N 10° W	
Barbaratal	27° 14′	15° 19′	N 17° W	N 5° W	N 5° W	
Kaukausibtal	27° 12′	15° 19′		N 7° W	N 7° W	
Klaustal	27° 14′	15° 21′		N 25° W	N 25° W	N 15° W

[ ] nach dem Auftreten an dem Vorgebirge 2½ km südlich vom S-Ende des Weiten Tales.

Zahlenreihe 2 gibt sodann Messungen an weiteren Stellen außerhalb des Pomonagebietes. Sie könnten noch um weitere vermehrt werden, doch muß ich mich in diesen Aufzählungen beschränken, die nur nach der Karte und besonderen Notizen zusammengestellt sind, ohne daß eine eingehende Untersuchung der hier angeschnittenen Frage in der Natur stattgefunden hat.

Zahlenreihe 2.

Verschiedene Stellen außerhalb des Pomonagebietes.

	s. Breite	Länge	Richtung der Barchanreihen oder von ausgeprägten Sandwehen	Hauptstreichen der Faltung im Untergrunde	Hauptrichtung der Hohlformen	Richtung der Korrasionsfurchen
Umgebung von Frohe Hoffnung	27° 32′	15° 29–30′	N 20° W	N 22° W	N 23° W	
Westl. von der Frankfurtbake	27° 25–26′	15° 23–24′		N 8° O	N 5° O	N 18° W
Elisental	27° 20–22′	15° 20′	N 19° W	N 8° W	N 5° W	
Rohrbachfeld . . .	27° 8–10′	15° 17–18′		N 22–27° W	N 22–27° W	
Carlstal	27° 6′	15° 16′		N 5° W	N 5° W	

Schon die beiden Beispiele dürften davon überzeugen, daß ein größerer Zusammenhang zwischen Hohlformrichtung und tektonischem Bau des Untergrundes besteht, welche Beziehung durch die nachher zu besprechende Verbreitung der Wannen im einzelnen erläutert wird. Gegenüber dieser Beziehung tritt aber die Hauptwindrichtung und damit die Hauptkorrasionsrichtung deshalb schon zurück, weil die Richtung der Korrasion von der Richtung der Hohlformen in den meisten Fällen wesentlich abweicht. Es gibt zweifellos Stellen, an denen die Korrasion einen größeren Einfluß auf die Oberflächengestaltung gewinnt. Wenn wir aber die Umgrenzung der von mir als Korrasionslandschaften bezeichneten Gebiete ansehen, dann bemerken wir doch immer die Anknüpfung an ein bestimmtes Gestein und nicht das Hinübergreifen über die verschiedenartigsten Gesteinshorizonte, wie wir sie bei einem vorherrschenden Wirken des Sandschliffes in der Ausbildung der Deflationslandschaft beobachten müßten, wie wir sie auch dann sehen, wenn einmal Korrasionserscheinungen in den Vordergrund treten. Einige der später zu erwähnenden Beispiele belegen auch dieses noch.

Zahlenreihe 3 gibt endlich einige Beispiele, bei welchen kein gleichmäßiger Bau des Untergrundes vorliegt, sondern mannigfache Faltenumbiegungen zu beobachten sind (vgl. dazu auch die Übersicht über die tektonischen Leitlinien im Untergrunde auf Karte 13 in Diamantenwüste, Bd. I), bei welchen weiter die Korrasionsrichtung noch auf den Karten feststellbar ist. Aber die Gestalt der in diesen Gebieten eingetieften Hohlformen läßt keinen einheitlichen Bau erkennen. Unregelmäßig begrenzte, oft rundliche oder lappige Hohlformen liegen vor, ganz im Gegensatz zu den regelmäßigen Wannen, die in einen gleichmäßig gerichteten Untergrund eingesenkt sind, wo mit der auf längere Erstreckung einheitlich anhaltenden Faltenrichtung auch die Hohlformen lang gestreckt sind, aber fast durchweg von der Hauptwindrichtung abweichen.

Zahlenreihe 3.

Unregelmäßige Formen in verschiedenen Gebieten.

	s. Breite	Länge	Richtung der Barchanreihen	Hauptreihen der Faltung im Untergrunde	Hohlform	Richtung der Korrasionsfurchen
Bogenfelsfelder 40–41 . .	27° 27′	15° 25–26′	N 13° W[1]	umlaufend 0–180°	u	N 5–10° W
Zwischen Chalcedontafelberg und Wolfsberg . .	27° 16–17′	15° 23–24′		„ „	u	N 28° W
Lüderitzfeld 3	27° 18′	15° 20–21′		„ „	u	N 18° W
Beim Bullyberg	27° 11′	15° 23′	N 23° W	N 30° O bis N 25 W	u	N 20–25° W
Nordwestecke der Karte[2]	—	—	—	—	—	—

u = Form unregelmäßig, keine bestimmte Form hervortretend.

---

[1]) 3 km weiter östlich.

[2]) Vgl. die Ausführungen auf S. 15 und 25.

Die Abtragung lockerer Produkte beschränkt sich aber nun nicht etwa nur auf die in einzelnen Senken durch die episodischen Niederschläge zusammengeschwemmten feinsten Verwitterungsprodukte, sondern erstreckt sich auch auf die durch den gelegentlichen Niederschlag verwitterbaren Gesteine, deren gelockerte Produkte ebenfalls schon bei geringen Windstärken fortgeschafft werden, soweit sich nicht ein Deflationsrückstand bildet, der erst durch die Vorgänge extrem-ariden Klimas zerkleinert werden muß.

Das Vorstehende wurde auch hier weiter ausgeführt, weil S. Passarge dem bewegten Sand, also der Korrasion, eine Hauptwirkung bei der Ausbildung der Wannenlandschaft in der südlichen Namib zuschreiben möchte. Würde Korrasion die Hauptrolle spielen, so müßten die Hohlformen sich mehr der Hauptwindrichtung anpassen, und es müßten im Windschatten der einzelnen Rücken an den Hohlformen viel häufiger Reste der verwitterbaren und abtragbaren Schichten vorhanden sein, als wir sie tatsächlich beobachten. Die Deflation aber, die schon bei geringeren Windstärken einsetzt, kann auch quer zur Hauptwindrichtung Formen ausarbeiten.

Die Hauptverbreitung und beste Ausbildung der Deflationslandschaft innerhalb der südlichen Namib liegt in dem Gebiete der Höhenschichtenkarte, während außerhalb derselben nur kleine Stücke, wenn auch verhältnismäßig noch weit entfernt, zu beobachten sind. Wir finden die am besten ausgeprägten Formen zunächst von Feld Kupferberg (27° 4′ s. Br.) bis nach dem Bogenfelsen hin (27° 20′ s. Br.). Landeinwärts reichen diese Formen wechselnd weit, am weitesten wohl in dem Pomonagebiet und etwas südlich von ihm, so z. B. in 27° 12′ s. Br. 8 km, in 27° 14′ s. Br. 9 km, in 27° 16′ und 27° 18′ s. Br. je 11 km weit.

Das auf S. 14 näher behandelte Langental schneidet dann nach Osten und Südosten hin diesen nördlichen Teil der Deflationslandschaft ab, schneidet sozusagen durch die Deflationslandschaft hindurch, trotzdem das Langental ein wesentlich älteres Formelement ist als die Deflationslandschaft. Wir werden später sehen, weshalb das Langental sich so gut erhalten hat.

Östlich von Bogenfels setzt dann auf der anderen Seite des Langentales die Deflationslandschaft neu wieder an und ist entlang der Küste bis über den S-Rand der Höhenschichtenkarte zu verfolgen.

Ein direkt östlich der Station Bogenfels gelegener kleiner Gebirgsstock zeigt zunächst eine Form, welche von der Deflationslandschaft direkt abweicht (27° 26—28′ s. B., 15° 25—27′ L., besonders Bogenfelsfelder 15, 38, 39, 40, 41). Schon eine nähere Betrachtung der auf der Höhenschichtenkarte mit enthaltenen Zeichen für Streichen und Fallen weist uns auf eine Erklärung dieser ganz unregelmäßig erscheinenden Oberflächenform hin. Wir befinden uns hier in einer eigenartigen Umbiegung der tektonischen Linien. Infolge dieser Umbiegung, wie sie aus der geologischen Spezialkarte und aus Karte 13 der „Diamantenwüste" hervorgeht, sind auch die Oberflächenformen unregelmäßig gestaltet. Korrasionsfurchen ziehen wohl durch die verschiedensten Schichtglieder hindurch, aber im großen vermag doch die Korrasion das Oberflächenbild nicht zu beeinflussen.

Wo dann weiter im Süden die Lagerungsverhältnisse im Untergrunde einfacher werden, dort zeigt sich auch die Oberfläche wieder gleichmäßiger in lang gestreckten Hohlformen mit oft recht schmalen und scharfen Rücken zwischen den einzelnen Wannen. Eng aneinander geschmiegt sind Hohlformen und trennende Rücken. Beide zeigen nur geringe

Breite bei oft großer Längserstreckung. Das sieht man namentlich in dem Gebiete der Abergfelder, Ruxfelder, Kahlefelder und in einem Teile der Klinghardtfelder. Breiter sind die Oberflächenformen westlich davon auf den Frohe Hoffnung Feldern und den Gangkopffeldern und östlich von dieser Zone eng gestellter Wannen auf den Buntfeldschuhfeldern. Es zeigt sich in diesem Gegensatze lang gestreckter, schmaler gegenüber kürzeren, aber breiteren Oberflächenformen eine ähnliche Abhängigkeit von dem Bau des Untergrundes, wie wir ihn auch weiter im Norden auf den Lüderitzfeldern und im Pomonagebiete beobachten können. Das Pomonagebiet zeigt in dem Idatale (27° 12—16′ s. Br. 15° 18—19′ L.), im Annatale (27° 14—16′ s. Br. 15° 18′ L.) und in den einem krystallinen Untergrunde westlich von beiden eingesenkten Wannen die schmale langgestreckte Form von Wannen, während sich weiter im Osten in dem Kaukausibtale (27° 10—13′ s. Br. 15° 19′ L.) eine breitere, wenn auch noch lang gestreckte Form erkennen läßt. Aber alle diese Formen, wo wir sie auch betrachten, sind abhängig von dem Bau des Untergrundes. Wo auch hier wieder die Wannen lang gestreckt und eng aneinander geschmiegt sind, da sind auch die Mulden eng aneinander gepreßt. Wo die Wannen breiter in bezug auf die Längsrichtung sind, da zeigt auch der Untergrund einen flacheren Bau größerer Spannweite der einzelnen Mulden und weiter voneinander abstehende Sattelaxen. In dem südlichen Gebiete bei den Abergfeldern, Ruxfeldern und Kahlefeldern kommt noch der dort von W. Beetz nachgewiesene Insoklinalbau der Faltung im Untergrunde (Diamantenwüste I, 136) hinzu und die meisten der dort ausgebildeten Wannen sind als Scheidewannen (Isoklinalwannen) auf dem einen Flügel der Isoklinalfalten eingetieft worden.

Gegen den Südrand der Karte hin zeigt sich eine Umbiegung der Rücken und Hohlformen, stellenweise bis in west-östliche Richtung. Vergleicht man nun dies Gebiet mit der geologischen Spezialkarte oder noch besser mit der Karte der tektonischen Leitlinien in Band I der Diamantenwüste, so leiten sich auch hier die Umbiegungen in den Oberflächenformen von dem Bau des Untergrundes ab. Die tektonischen Linien weichen von der geraden Fortsetzung weiter im Norden ab, biegen um, vielleicht durch den Stau an einem Massiv des tieferen Untergrundes bedingt. Die Änderung in der Richtung der Oberflächenformen ist wieder durch eine Änderung im Bau des Untergrundes in diesem Gebiet bedingt, während hier keine Beweise für eine andere Windrichtung vorliegen, eine so rasche starke Änderung auch so gut wie ausgeschlossen ist.

Wenn wir dann einmal im Ganzen die Karte der tektonischen Leitlinien im vortertiären Untergrunde der südlichen Namib (Karte 13 in Diamantenwüste I) mit der Höhenschichtenkarte vergleichen, so sehen wir überall dieses deutliche Zusammenfallen der Oberflächenformen mit dem Bau des Untergrundes. Etwaige Änderungen in der Streichrichtung der Falten, Umbiegungen in der Faltung, führen gleich auch zu einer Änderung in der Richtung der Oberflächenformen und zu Umbiegungen derselben. Enger tektonischer Bau, dicht aneinander gedrängte Sättel und Mulden führen gleich zu einer reicheren Gliederung der Oberflächenformen, während weiter auseinander gestellte Falten eine breitere Gestalt und weniger scharfe Gliederung der Oberflächenformen bedingen. Überhaupt können wir zusammenfassend sagen, daß die Oberflächenformen in dem Gebiet der Deflationslandschaft ein getreues Abbild des Faltenbaus im Untergrunde liefern. In dem Gebiet, wo durch die Abtragung der krystalline Untergrund frei gelegt ist, entspricht jeder Sattel einem Rücken, jede Mulde einer Hohlform. Aber auch dort, wo nur gefaltete Namaschichten an der heutigen Oberfläche abgetragen werden, ist auch die Anknüpfung der Hohlformen an die Faltung erkennbar. Verwerfungen größerer Sprunghöhe sind innerhalb des Kartengebietes nicht beobachtet worden, so daß deren Einfluß hier nicht erörtert zu werden braucht.

Zu den größten Wannen gehört die Idatal-Lüderitzfelder-Wanne (27° 12—19′ s. Br. 15° 18—20′ L.), welche durch flache Querschwellen in Teilwannen zerlegt ist[1]). Sie zeigt eine Längserstreckung von $14^1/_2$ km, eine Breite von $1^1/_4$ km und eine Austiefung bis zu rund 125 m. Die Kaukasibtalwanne (27° 9—13′ s. Br. 15° 18—19′ L.) hat $12^1/_4$ km Länge, $1^1/_2$ km Breite und rund 110 m Austiefung. Größer und wahrscheinlich tiefer eingesenkt sind die Wannen, welche unter den Meeresspiegel untertauchen (vgl. S. 27/29).

Am dichtesten gedrängt sind die Wannen einmal in dem Gebiete starker Faltenstauung, wie z. B. westlich von dem Granitberge. Ein anderes Gebiet zahlreicher nebeneinander befindlicher Wannen liegt im südwestlichen Teile des Pomonagebietes und in den südlich anstoßenden Teilen der Lüderitzfelder. Eine Fläche von 15 : 4 km enthält hier 8 größere (über 2 km lange) und mindestens 15 kleinere (unter 2 km lange) Wannen. Diese Ziffern würden noch größer sein, wenn man alle unter den Meeresspiegel untergetauchten Wannen erkennen könnte. Das Gebiet ist in Karte 8 von Diamantenwüste I in einer anderen Reliefdarstellung wiedergegeben.

Wir sehen oft mehrere Wannen dicht nebeneinander, eine höher und kleiner als die andere. Man kann dann von einer Haupt- und einer Nebenwanne sprechen usw., worüber in dem Hauptwerke so viele Einzelangaben enthalten sind, daß sie hier nicht wiedergegeben werden können, sondern dort nachzulesen sind, unter Vergleich der hier vorgelegten Höhenschichtenkarte (Diamantenwüste II, 390 u. f.).

Die Wannen zeigen sich auch auf der Höhenschichtenkarte, worauf hier noch hingewiesen sei, in den verschiedensten Stadien der Entwickelung. Ein frühes Stadium der Entwickelung zeigt sich in der großen zusammengesetzten Wanne der Buntfeldschuhfelder (27° 32—36′ s. Br. 15° 32—35′ L.), über die Tafel 4 Abb. 3 in Diamantenwüste II einen Überblick gibt. Eine flach wellige Landschaft wird uns hier vorgetäuscht. Aber doch handelt es sich um ein Stück Wannenlandschaft, da die weite Fläche aus einer Reihe wenig eingetiefter Wannen besteht. Einzelne härtere Rippen ragen aus der Landschaft hervor und zwischen ihnen sind flache Wannen nur wenig eingetieft. Faltung bedingt auch hier Wiederholung der Rücken in kurzer Entfernung voneinander. Eine schärfere Tiefengliederung fehlt im Gegensatz zu anderen Gebieten der Deflationslandschaft. Das liegt daran, daß die Abtragung zur Deflationslandschaft hier nur wenig unter die alte, marine Abtragungsfläche eingegriffen hat, die hier den Faltenbau des tieferen Untergrundes abschnitt. Eigenartig ist es, daß hier erst die ganzen auflagernden Tertiärschichten nahezu restlos abgetragen wurden, ehe eine weitere Vertiefung in den vortertiären Untergrund stattfand. An anderen Stellen ist das anders abgelaufen. Einmal sehen wir im Innern in der Flächennamib viele lang gestreckte Senken, die nichts anderes als beginnende Wannen sind. Andererseits ist dem Rande der Flächennamib eine Reihe von Zeugenbergen vorgesetzt, die dartun, daß hier eine einst einheitliche Decke in viele Teile zerschnitten worden

---

[1]) Diese Teilwannen sind wieder an Spezialmulden, an ein Auf- und Niedertauchen der Sattelaxen geknüpft; vgl. geologische Karte Blatt 4.

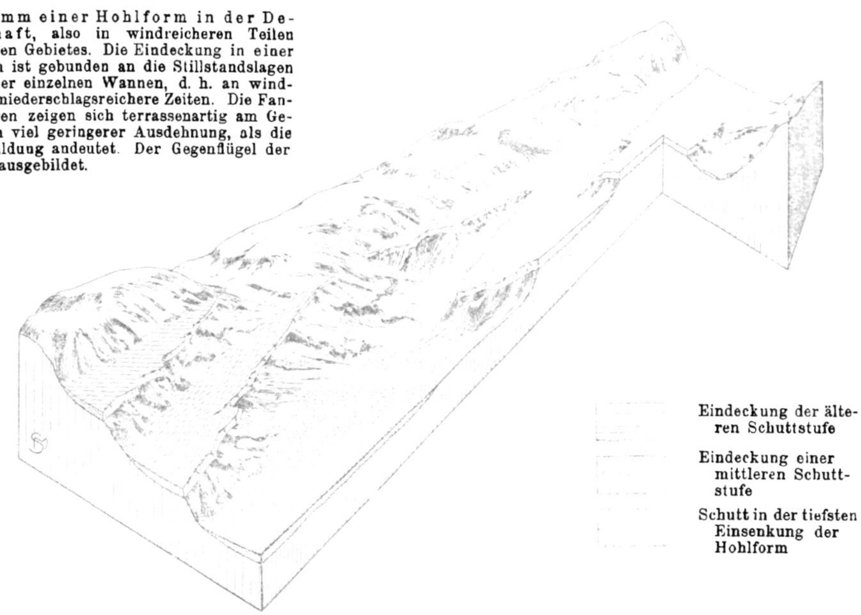

Abb. 2 (aus Diamantenwüste II, 400).

Blockdiagramm einer Hohlform in der Deflationslandschaft, also in windreicheren Teilen unseres extrem-ariden Gebietes. Die Eindeckung in einer derartigen Hohlform ist gebunden an die Stillstandslagen in der Austiefung der einzelnen Wannen, d. h. an windärmere[1]) oder auch niederschlagsreichere Zeiten. Die Fanglomerate der älteren zeigen sich terrassenartig am Gehänge, z. T. in noch viel geringerer Ausdehnung, als die schematisierte Abbildung andeutet. Der Gegenflügel der Wanne ist ähnlich ausgebildet.

ist, so daß Zeugenberge der größeren Überdeckung in der stark gegliederten Deflationslandschaft stehengeblieben sind (vgl. S. 26 u. f.).

Aber kehren wir zu dem Beispiel der noch in einem frühen Entwickelungsstadium befindlichen Fläche der Buntfeldschuhfelder zurück. Je weiter wir nach Westen fortschreiten (z. B. schon Klinghardtfelder, dann besser Kahlefelder und Gangkopffelder), um so tiefer sind die Wannen in die auch hier die Rücken zwischen den einzelnen Wannen nach oben hin begrenzende Abtragungsfläche eingesenkt. Das zeigt sich auf der Höhenschichtenkarte in dem schärferen Relief, der stärkeren Gliederung. Ähnlich liegen die Verhältnisse im mittleren Pomonagebiete. Während das Kaukausibtal eine tief unter die alte, kretazeische Landoberfläche eingegrabene Wanne zeigt, sind die parallel zu ihr und östlich davon gelegenen, schmalen Wannen, z. B. Kaukausib-Ost und andere kleinere Parallelwannen viel weniger in den Untergrund eingetieft. Auch das Scheibetal (27° 14—17′ s. Br. 15° 20′ L.) zeigt ein weniger weit vorgeschrittenes Entwickelungsstadium der Deflationslandschaft gegenüber dem mehrfach besprochenen, stärker eingetieften Idatale. Je weiter wir nach Westen kommen, um so stärker ist die Deflation, um so intensiver ist hier die Abtragung gegenüber der im Osten stärkeren Eindeckung. Nicht aber nimmt nach Westen etwa wegen der Nähe des Meeres die chemische Verwitterung zu. Von der Intensität der chemischen Verwitterung hängen diese Erscheinungen nur indirekt ab. Wir sehen im Gebiete der Eindeckung die chemische Verwitterung in der gleichen Art und Intensität, wie näher

[1]) In Diamantenwüste II 400 befindet sich ein sinnentstellender Fehler. Es muß selbstverständlich „windärmere" statt „windstärkere" heißen.

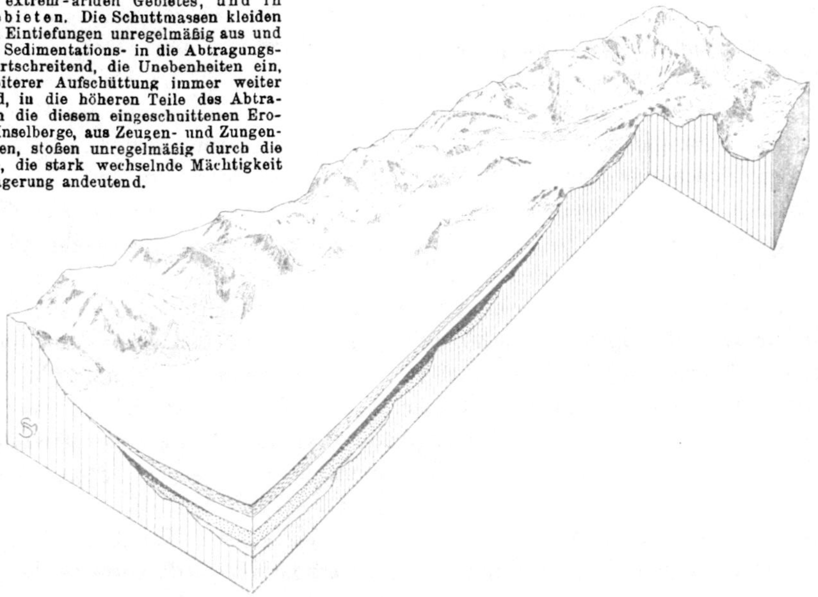

Abb. 3 (aus Diamantenwüste II, 401).

Eindeckung in der Flächennamib, also in windärmeren Teilen extrem-ariden Gebietes, und in normal-ariden Gebieten. Die Schuttmassen kleiden zunächst die größeren Eintiefungen unregelmäßig aus und decken dann, aus den Sedimentations- in die Abtragungsgebiete rückwärts fortschreitend, die Unebenheiten ein, gehen dann, bei weiterer Aufschüttung immer weiter rückwärts aufsteigend, in die höheren Teile des Abtragungsgebietes und in die diesem eingeschnittenen Erosionsrinnen hinein. Inselberge, aus Zeugen- und Zungenbergen hervorgegangen, stoßen unregelmäßig durch die Eindeckung hindurch, die stark wechselnde Mächtigkeit der Fanglomeratauflagerung andeutend.

an der Küste. Nahe dem Ostrand des Pomonagebietes sind am Bullyberg die Eruptivgänge mindestens ebenso tiefgründig kaolinisiert, wie an der Küste (Diamantenwüste II, 284).

Die Austiefung der Wannen war während der ganzen Dauer ihrer Bildung keine gleichmäßige. Sondern zwischen Zeiten stärkerer Abtragung sind Zeiten erneuter Aufschüttung eingeschaltet. Das ist eine Folge kleiner Klimawechsel zu etwas niederschlagsreicheren Zeiten innerhalb unseres Gebietes. Zeitweise schieben sich Vorgänge fluvioarider und trockener Aufschüttung in das Gebiet hinein, in welchem vorher nur Abtragung herrschte. Terrassenartige Stufen mit dünneren oder dickeren Lagen von Fanglomeraten[1]) sind die Folge dieser Unterbrechung in der Austiefung der Hohlformen, der Stillstandslagen in der Abtragung extrem-ariden Klimas, die sich mehrfach wiederholten. Während diese Stufen in einzelnen Hohlformen in größerer Ausdehnung erhalten sind, finden wir sie in den meisten Hohlformen nur in kleinen Resten, dann aber auch in verschiedenen Höhen über der heutigen Sohle der Hohlformen. Abb. 2 zeigt uns diese Verhältnisse in schematischer Form. Abb. 61 auf S. 327 in Diamantenwüste II zeigt uns aus einer mehr im Inneren gelegenen Hohlform verschiedene solche Stufen von Fanglomeraten übereinander. Etwas niederschlagsreichere und windärmere Zeiten waren die Vorbedingung für diese erneute Auffüllung, während dann nachher größere Trockenheit und Vorherrschen des Windes als abtragenden Faktors zur erneuten Austiefung führte.

Im Gegensatz zu dieser Landschaftsform mit stärkerer Abtragung steht dann die Landschaftsform, wie wir sie in der Flächennamib vor uns haben, wo alle Unebenheiten

[1]) Über den Begriff Fanglomerate vergleiche Diamantenwüste II, 317—319.

einer etwa vorgebildeten Hohlform zugedeckt werden, wo sich eine Fanglomeratlage auf die andere legt, äolische Sedimente, als Flugsand und Flugstaub, und die Absätze episodischer Regenseen zwischengeschaltet werden (Abb. 3). Die Schuttmassen kleiden zunächst die größeren Eintiefungen unregelmäßig aus und decken dann, aus dem Sedimentationsgebiete in die Abtragungsgebiete rückwärts aufsteigend, die Unebenheiten ein, lagern sich dann, immer weiter rückwärts aufsteigend, in die höheren Teile der Erosionrinnen und Senken des Abtragungsgebietes hinein. Inselberge, aus Zeugen- und Zungenbergen hervorgegangen, stoßen unregelmäßig durch die Eindeckung hindurch, auf die stark wechselnde Mächtigkeit der Fanglomeratlagen hinweisend. Und wenn dann die Aufschüttung länger andauert und weiter fortschreitet, dann verschwinden mehr und mehr alle Erhebungen. Das vorherige Abtragungsgebiet verschwindet unter dem aus dem Gebiete selbst stammenden und dem aus entfernter gelegenen, höheren Bergstöcken oder Gebirgen zugeführten Schutte. Fanglomerate mit Flugstaub und Flugsand, sowie tonige und unter Umständen salzhaltige Bildungen überziehen alle Unebenheiten, aus dem dann nur einzelne höhere Berge und Gebirge, wie Inseln hervorragen. Dieser Landschaftstyp, der sich in der inneren Namib und dann in dem normal-ariden Gebiete Südafrikas noch heute weiter fortbildet, ist in dem Bereiche unserer Karte nur in alten Eindeckungen zu sehen, so in den Schuttkegeln der älteren und der jüngeren Revierzeit (S. 10, 12). Die Tafeln 13 und 14 der Diamantenwüste II führen uns diesen Landschaftstyp aus der inneren Namib vor Augen.

Wenn wir nun in den Wannen der Deflationslandschaft einzelne Fanglomeratstufen übereinander sehen, als Zeugen des Vorstoßens der Aufschüttungsvorgänge aus der inneren Namib in die Deflationslandschaft hinein, so können wir doch heute noch nichts über die Zahl der damit angedeuteten Klimaschwankungen in der südlichen Namib aussagen. Dazu ist das bisher nach dieser Richtung hin untersuchte Gebiet noch viel zu klein, und es bedarf vor allen Dingen einer Untersuchung der entsprechenden Verhältnisse in den normalariden Gebieten Südafrikas, zu der ich während meines Aufenthaltes in Südafrika nicht kam, wozu es aber weiterer Reisen bedarf, als ich sie damals durchführen konnte.

Die Wannenlandschaft ist nun nicht völlig auf das in der Höhenschichtenkarte der südlichen Namib dargestellte Gebiet beschränkt, sondern auch noch außerhalb des Gebietes der Höhenschichtenkarte kommen in der südlichen Namib Teile von Deflationslandschaft vor. Aber diese Gebiete von Deflationslandschaft sind nicht so typisch entwickelt. Auf einzelne derselben sei noch hingewiesen. Die Wannenlandschaft greift zunächst über den Südrand der Höhenschichtenkarte noch an der Küste entlang ein Stück weiter nach Süden durch die Farm Marmora hindurch bis über deren Südrand hinaus, wovon ich mich bei einer Übersichtstour überzeugen konnte. Die Formen auf Blatt 7 der Sperrgebietskarte[1]) deuten darauf hin, daß nicht nur einzelne Meeresbuchten, sondern auch noch einzelne Hohlformen auf dem festen Lande bis nach Chameis hin der Wannenlandschaft nördlicherer Gebiete entsprechen. Aber die Formen werden immer flacher; die Wannen sind immer weniger eingetieft. Schärfere Gliederung beginnt, wenn wir vom Süden ausgehen, erst innerhalb der Farm Marmora und wird dann deutlicher im südlichen Teile der Höhenschichtenkarte, um innerhalb von deren Gebiet dann am ausgeprägtesten

---

[1]) Sprigade und Lotz, Karte des Sperrgebietes in Deutsch-Südwestafrika in 10 Blättern 1 : 100000. Berlin, Dietrich Reimer (Ernst Vohsen) 1913.

zu werden. Gegen den Nordrand der Höhenschichtenkarte drängen dann andere Formelemente die Wannenbildung zurück, worauf ich noch zurückkomme.

Weiter im Norden von dem Nordrand der Karte treten dann noch einzelne Stücke von Wannenlandschaft auf, sowohl innerhalb des Ausstriches von krystallinen Schiefern, wo wir auf eine versteckte Beziehung zu Mulden auflagernder Schichten schließen können, wie an Stellen, an denen wir durch Reste gefalteter Schichten diese Beziehung noch nachweisen können. Ein gutes Beispiel dieser letzteren Art liegt an dem Albatroßberge (26° 48′ s. Br. 15° 11′ L.). Eine halbkreisförmige Wanne liegt diesem Berge südlich vorgelagert, die nach Norden hin durch die über den Berg ziehende, zu einem scharfen Quarzkamm Veranlassung gebende Verwerfung abgeschnitten wird. Im Süden derselben sind dem Grundgebirge auflagernde Schichten erhalten. Aber teilweise Abtragung derselben hat zu einer durch den Quarzkamm schief abgeschnittenen Senke geführt (vgl. Diamantenwüste I, 127, II, 394, 396). Auch an der Großen Bucht (26° 45′ s. Br. 15° 7′ L.) zwischen Elisabethbucht und Lüderitzbucht ist die Verknüpfung der Oberflächenformen mit einer dem Grundgebirge auflagernden Serie gefalteter jüngerer Schichten klar. Die Formen der vereinigten Buchten von Lüderitzbucht (26° 39′ s. Br. 15° 9′ L.) weisen auf ähnliche Hohlformen hin, wenn auch die Verknüpfung mit eingemuldeten Schichten der Namaformation noch nicht nachgewiesen ist (Diamantenwüste II, 420). Das Auftreten von Schichten der Namaformation bei Hottentottenbucht (26° 8′ s. Br. 14° 57′ L.), Osterklippen (25° 20′ s. Br. 14° 15′ L.), Sylviahügel (25° 10′ s. Br. 14° 50′ L.) weiter im Norden und die eigenartigen Buchten jener Gegend deuten im Zusammenhange miteinander auf das Auftreten ähnlicher Wannen hin, wie wir sie in der Deflationslandschaft unserer Höhenschichtenkarte kennen gelernt haben. Die verschiedensten Angaben, die ich in der „Diamantenwüste“ gesammelt habe, weisen eine wahrscheinliche Ausdehnung des Gebietes, in welchem Wannen als Stücke von Deflationslandschaft auftreten, von etwa 400 km Länge und bis zu 15 km Breite nach (Diamantenwüste II, 396). Aber das beste zusammenhängende Stück liegt in dem Gebiete unserer Höhenschichtenkarte vor.

Wie schon auf S. 15 und 24 betont, treten gegen den Nordrand der Höhenschichtenkarte die typischen Formen der Wannenlandschaft zurück. Nördlich und nordwestlich, an einigen Stellen auch schon südlich von dem auf S. 15 besprochenen Beetztal zeigt sich ein Gewirr von Kuppen und Rücken mit zwischenliegenden Senken, die große Gegensätze gegenüber dem regelmäßigen Bau der südlicher gelegenen Deflationslandschaft aufweisen. Dies nördlichste Gebiet unserer Karte zeigt nun im Untergrunde einen stark metamorphen Untergrund mit einer älteren Faltenrichtung, die mit der jüngeren, wohl altkimmerischen Faltung der Namaschichten in Gitterstellung steht. Diese jüngere Faltung konnte in dem Gebiete der Gitterstellung nicht so tief eingreifen, wie weiter südlich, wo die ältere Faltung des krystallinen Untergrundes und die altkimmerische Faltung ungefähr parallel zueinander verlaufen (vgl. Diamantenwüste I, 85 u. f., 124, 140 u. f.). Infolgedessen bildete sich in diesem nördlichsten Gebiete weniger starker altkimmerischer Tiefenfaltung eine Hohlformlandschaft nicht so regelmäßig aus, wie weiter südlich, wo bei gleichmäßigem Streichen der beiden Faltenrichtungen eine stärkere Tiefenfaltung der Namaformation eingetreten ist, und die gleichmäßig streichenden Mulden der Namaformation nur ausgeräumt zu werden brauchten. Das krystalline Grundgebirge enthält zweifellos auch chemisch verwitterbare und durch Deflation daraufhin abtragbare Lagen, aber sie haben nicht die Gleichmäßigkeit und das lange Anhalten, wie in den weiter südlich befindlichen Mulden der Namaformation. Deflation hat hier im Norden wohl eine Rolle gespielt, aber immer nur in beschränktem Umfange. Gegen eine einheitliche Ausbildung von Hohlformen wirkte hier im Norden auch noch das reich verzweigte System von untermiocänen Flußrinnen. Die bis auf große Tiefe eingeschnittenen Erosionsrinnen konnten durch spätere Vorgänge ebensowenig verwischt werden, wie im Süden das Langental mit seinen Zuflüssen.

5. Zeugenberge der kretazeisch-eocänen Eindeckung in der Deflationslandschaft.

Schon früh waren den ersten Erkundern und den ersten Erforschern der südlichen Namib eigenartige Tafelberge aufgefallen, um deren Deutung sich mehrere bemühten. Erst den Untersuchungen von W. Beetz und mir war es vorbehalten, zu einer Erklärung derselben beizutragen. Diese „Tafelberge“ sind Zeugen von einst über die ganze Deflationslandschaft ausgebreiteten Schichten, die zum größten Teile abgetragen und nur an einzelnen Stellen erhalten sind. Diese prämitteleocänen Pomonaschichten lagern auf der alten, wahrscheinlich kretazeischen Landoberfläche (vgl. S. 10 u. f.). Die Ablagerungen weisen schon auf einstiges Trockenklima zur Zeit ihrer Bildung hin. Die Tafelberge sind geschützt gegenüber der Abtragung dadurch, daß die Oberflächendecke dieser kretazeisch-eocänen Schutt- und Flugsandüberdeckung stellenweise verkieselt und in einen widerstandsfähigen Quarzit, den Pomonaquarzit, umgewandelt ist.

Diese Zeugenberge beeinflussen das Landschaftsbild und auch die Höhenschichtenkarte namentlich in dem Pomonagebiete und in den südlich anstoßenden Lüderitzfeldern, etwa zwischen 27° 11′ bis 27° 17′ s. Br. Sie fallen auf der Höhenschichtenkarte durch ihre, einer tieferen Höhenstufe scharf aufgesetzte, rundliche oder elliptisch gestreckte, im letzteren Falle aber nicht der Windrichtung folgende Gestalt besonders auf. Sie unterbrechen dann das Bild der Deflationslandschaft nicht unwesentlich, namentlich da sie auch den darunter befindlichen Schichten einen Schutz gegen weiteren Angriff geben. Sie bewahren den unter der harten Decke liegenden, an und für sich schon stark verwitterten Untergrund vor Abtragung. Eine Überrollung mit einem oft dichten Blockmeer auf den Flanken dieser Tafelberge unterstützt den Schutz, welchen die Quarzitkappe der Abtragung entgegensetzt. Die Pomonaschichten bilden nicht nur Restberge, sondern auch Schutzkappen.

Einige der am meisten auffallenden Tafelberge dieser Art seien aufgezählt: Hansenshöhe (165 m hoch; 27° 11′ s. Br. 15° 20′ L.), Langer Tafelberg (166 m), Rheinpfalzwarte (etwa 175 m), Dauschkopf (158 m), Hohehagen (151 m), alle die letztgenannten um 27° 12′ s. Br. 15° 20′ L., dann Tafelberg Nord (155 m), Kaukausibtafelberg (141 m), Tafelberg Süd (133 m), Lästerkopf (116 m), diese um 27° 13′ s. Br. 15° 19′ L., weiter das ausgedehntere Kätchenplateau (128 m; bei 27° 14′ s. Br. 15° 19′ L.), der Elfertstafelberg (124 m; bei 27° 15′ s. Br. 15° 19′ L.). Landeinwärts liegt sodann das ausgedehntere Plateau von Rheinpfalz (bis 178 m, 27° 12′ s. Br. 15° 21′ L.), der Marienberg (194 m, sw. von 27° 12′ s. Br. 15° 22′ L.), Zweitafelberg (etwa 135 m, bei 27° 14′ s. Br. 15° 21′ L.) und dann die besondere Landmarke des Chalcedontafelberges (225 m, bei 27° 16′ s. Br. 15° 23′ L.). Vorgeschoben gegen die Küste zeigt sich als ähnlicher Zeugenberg, aber weit von der geschlossenen Kante der in Frage kommenden Schichten entfernt der Pomonatafelberg (104 m, s. von 27° 12′ s. Br. 15° 17′ L.). Damit sind aber nicht alle Zeugen einer einst weiter gehenden Überdeckung der vorderen Namib erwähnt. Viele kleine liegen dicht vor der Steilstufe, mit der die entsprechenden Schichten dieser alten Decke am geologischen Rande der inneren Namib auftreten, so z. B. bei dem Granitberg, sodann am Rande der Bogenfelsfelder gegen die Terrassenfelder bei 27° 15—17′ s. Br. 15° 28—29′ L., weiter noch am Rande der Buntfeldschuhkante. Aber diese kleinen Vorkommen können nicht wesentlich auf das Landschaftsbild einwirken.

Diese Zeugenberge geben auch die Möglichkeit, die alte Landoberfläche auf einige Erstreckung sicher zu rekonstruieren. Der Abfall ist nach Süden hin auf 8 km etwa 100 m, im mittleren Pomonagebiet von Osten nach Westen auf 10 km Entfernung etwa 180 m (vgl. Diamantenwüste II, 9).

6. Küstenformen.

Das Gebiet der Höhenschichtenkarte zeigt die beiden gegensätzlichen Formen der Küstenentwickelung, welche an der südwestafrikanischen Küste immer wieder hervortreten (vgl. Diamantenwüste II, 417/8). Wir sehen eine scharf sich emporhebende Kliffküste immer wieder unterbrochen von einzelnen Buchten mit einem mehr oder weniger anhaltenden Sandstrande. Dieser Wechsel von Fels- und Sandstrand ist ein vielfältiger, so daß oft auf wenige Kilometer Entfernung ein mannigfacher Wechsel von beiden zu beobachten ist. Beide sind gegensätzlicher Entstehung. Die Kliffküste ist eine heutige Arbeitsform des Meeres, an der Oberkante allerdings abgeschnitten durch festländische Einebnungsformen der Vorzeit, alte Abtragungsflächen, die von anderen Lagen der Meeresküste aus sich gegen das Festland vorgeschoben haben, ja zumeist schon ein alttertiäres Alter besitzen.

Während nun aber die Kliffküste eine heutige Arbeitsform ist, die noch heute weiter in das Festland hinein vorgeschoben wird, sind die Stücke von Sandstrand, welche das Kliff unterbrechen, durch eine Vorzeitform bedingt. Vergleichen wir die nach Süden oder Norden offenen Buchten mit der geologischen Spezialkarte oder der darnach gezeichneten Übersicht der tektonischen Leitlinien (Karte 13, Diamantenwüste I), so zeigt sich, daß in den meisten der an die Buchten sich landeinwärts anschließenden Hohlformen Reste der Namaformation lagern, oder daß das einstige Vorhandensein von Schichten der Namaformation angenommen werden muß. Die an die Buchten angeschlossenen Hohlformen, welche die Kliffküste unterbrechen, sind mehr oder weniger tief unter den Meeresspiegel untergetauchte Wannen einer älteren Ausbildung der Deflationslandschaft. Oft fehlt ein Gegenflügel der Wanne, so daß wir von Halbwannen sprechen können. An mehreren Stellen ist sicher, daß die Meeresbuchten einst tief in die Hohlform eingriffen, ohne daß aber hier Strandmarken die Ausräumung durch die Meeresbrandung anzeigen. Eine weitgehende Verlandung hat dann diese tiefen Meeresbuchten mehr oder weniger verlandet, wobei Strandverschiebungen infolge von epirogenetischen Vorgängen eine Rolle gespielt haben. Die Verlandung geht an den nach Süden offenen Buchten am raschesten vor sich, als Folge der von Südwesten an die Küste immer wieder anrollenden Dünung und der an der Küste entlang ziehenden Benguelaströmung. Die nach Süden geöffneten Buchten sind die Sandfänger für die großen Mengen an der Küste vorbeigetriebenen Strandsandes. Demgegenüber bleiben die nach Norden geöffneten Buchten länger offen, bieten die besseren Anker- und Landeplätze, ja außerhalb der Karte die wichtigen Anlaufplätze an der südwestafrikanischen Küste, was von den nach Süden geöffneten Buchten nicht zu sagen ist.

Die nach Süden geöffneten Buchten verlanden im wesentlichen durch Strandversetzung, durch marine Anlagerung. Damit schiebt sich der Strand an diesen Buchten, bei gleicher Lage von Festland und Meer zueinander, rasch gegen das Meer vor. Die Strandlinie ist noch eine Arbeitsform, welche die Gestalt dieser auf dem festen Lande gebildeten, aber nun untergetauchten Hohlformen mehr und mehr so lange verändert, bis an Stelle der Bucht sich eine Ausgleichsküste gebildet hat. Die nach Norden geöffneten Buchten aber versanden durch Absatz des vom Festlande durch den Wind in die Buchten eingetriebenen Materials. Im letzteren Falle ist es im wesentlichen der Flugsand, der an südlicher gelegenen Buchten angespült und über das Festland getrieben war, oder der sich auf dem Lande durch Zerfall der Gesteine gebildet hatte und von dort aus meerwärts getrieben wird. Zeitweise sind diese verschiedenen Sandmassen auf dem Lande in Sandwehen oder in Barchanen festgehalten gewesen, aber in einem eigenartigen bogenförmigen Wege dem Meere wieder zugeführt worden (Näheres über Strandversetzung, Versandung und Verlandung siehe Diamantenwüste II, 413—416).

Wo die Verlandung an den nach Süden geöffneten Buchten bis zu einer Ausgleichsküste fortgeschritten ist, da kommt zum Schluß nur wenig sandiges Material auf das feste Land. Da wird aller neu zugeführte Sand an der Küste entlang getrieben zu einem anderen, weiter nordwärts gelegenen Sandfänger. Wo aber die Ausgleichsküste noch nicht erreicht ist, da tritt eine meist reichliche Sandmenge auf das Land über und gibt zu großen Sandwehen, Barchanreihen oder geschlossenen Wanderdünen Veranlassung. Wo dieser Übertritt von neuem Strandsande auf das Festland nicht mehr erfolgt, da kommt es auf dem Lande zu einem Heranrücken der Vegetation an die Küste. Nur ein kleiner Streifen bleibt sandfrei. Von diesen Überlegungen ausgehend halte ich für ausgeglichen die Küste von Arche Noah (südlich von 27° 36′ s. Br.) bis nach dem Bogenfelsen hin (nördlich von 27° 28′ s. Br.). Nur bei Dreimastergrat (nördlich von 27° 33′ s. Br.) scheint die Verlandung zu einer Ausgleichsküste in einer kleinen Bucht noch nicht vollständig zu sein. Nicht ausgeglichen ist die Küste am Südrande der Karte und darüber hinaus. Hier gelangt noch heute eine große Menge von Sand auf das Land und bedingt dort große Sandwehen und Wanderdünen. Eine ähnliche nicht ausgeglichene Küstenstrecke haben wir im Norden bei der Grotteninsel, von wo Wanderdünen in großer Zahl auf das Festland übertreten (vgl. Diamantenwüste II, Tafel 7, Abb. 4). Die hier und in dem Hauptwerke angeschnittene Frage der Bildung einer Ausgleichsküste müßte einmal weitergehend an der südafrikanischen Küste verfolgt werden.

Der Zusammenhang der Buchten mit dem tektonischen Bau des Untergrundes ist heute noch innerhalb des Gebietes der Höhenschichtenkarte nachzuweisen an folgenden Stellen: Große mit Schlick verlandete und mit Flugsand, meist in Form gedrängter Wanderdünen überdeckte Wanne nördlich von der Grotteninsel, wo einst ein langer Meereskanal die heute an der Küste gelegenen Erhebungen als Inseln vom Festlande trennte (27° 0—4′ s. Br. 15° 14—15′ L.). Die Angliederung der letzten Insel, die auf den Karten noch als Grotteninsel bezeichnet ist (bei 27° 4′ s. Br. 15° 14′ L.) kann erst in jüngster Vergangenheit erfolgt sein. — Die Prinzenbucht (bei 27° 6′ s. Br. 15° 15′ L.), die in früheren Jahrzehnten ein zuweilen angelaufener Landeplatz war, und wo auch in den ersten Jahren der Diamantengewinnung viele Güter gelöscht wurden, bildet den Gegenflügel der bei der Grotteninsel ausstreichenden Mulde von Namaschichten. Sie zeigt aber die fortschreitende Versandung durch die große Menge des das Windhukertal herabkommenden Flugsandes. — Das Weite Tal (27° 12—14′ s. Br. 15° 16′ L.) am Westrande des Pomonagebietes entspricht ebenfalls einem schmalen Meeresarm, der hier in eine Halbwanne eingriff. Der Nachweis des Zusammenhanges mit einer Mulde der Namaformation ist hier nicht direkt zu erbringen; er ergibt sich aber aus dem Auftreten scharf eingefalteter Namaschichten an südlicher gelegenen Vorgebirgen. — Die kleinen Einbuchtungen an diesen Vorgebirgen südlich des Weiten Tales hängen zweifellos mit der dort auftretenden Mulde von Namaschichten zusammen. — Die Buchten bei dem Elisental (27° 22′ s. Br. 15° 20′ L.) und die weite Sandbucht östlich von der Schwarzenfels-Insel (27° 23′ s. Br. 15° 21′ L.) sind wiederum auf Mulden der Namaformation zurückzuführen. Das Gleiche gilt von der Torbogenbucht (bei 27° 25′ s. Br. 15° 22′), den Buchten westlich und östlich vom Taufstein (27° 27′ s. Br. 15° 23′ L.). — Nicht ganz so klar ist der Nachweis einer gleichen Beziehung bei der großen weitgehend verlandeten Bucht östlich vom Bogenfelsen (nördlich von 27° 28′ s. Br. 15° 24′ L.), da dort das Langental mündete, ehe die jüngere Deflationslandschaft gebildet wurde (vgl. S. 14). Aber es ist auch sehr wohl möglich, daß die Erosion des Langentals an einer bereits früher an den Muldenbau der Namaformation angeschmiegten Bucht ansetzte. — Die Felsen bei Dreimasterbucht (27° 34′ s. Br. 15° 28′ L.) sowie bei Arche Noah (südlich von 27° 36′ s. Br. 15° 30′ L.) sind ebenfalls erst durch weitgehende Verlandung mit dem Festlande verknüpfte Inseln, die ihre Gestalt dem tektonischen Bau des Untergrundes verdanken. Auch die anderen Inseln, die der Küste noch vorgelagert sind, hängen mit Rücken einer alten Deflationslandschaft zusammen, die unter den Meeresspiegel versenkt ist. — Auch die Messungen der deutschen Marine an der südwestafrikanischen Küste deuten darauf hin, daß hier der Meeresboden vor der Küste mannigfache, mit alten Hohlformen zusammenhängende wannenartige Senken aufweist.

Endlich möge auch hier darauf hingewiesen werden, daß am Südrande unseres Kartengebietes sich wahrscheinlich noch in nicht lang zurückliegender, vielleicht sogar historischer Zeit ein System von vielen, nebeneinander befindlichen Buchten erstreckte, die eben zu der eigenartigen Bezeichnung Angras Juntas (bei 27° 40′ s. Br. 15° 39 L.) Veranlassung gegeben haben, welche heute wieder verlassene Siedlung wenig südlich von dem Südrande unserer Karte gelegen hat (vgl. Diamantenwüste II, 415—416, Abb. 86).

Auch im Bereich der Farm Marmora befinden sich noch mehrere Buchten, die ebenfalls auf den tektonischen Bau des Untergrundes zu beziehen sind.

Wir sehen also, wenn wir die ganzen Verhältnisse überblicken, daß unter den Meeresspiegel untergetauchte, aber im extrem-ariden Klima auf dem Festlande gebildete Hohlformen durch meist weitgehende Verlandung in oft ausgeglichene Küstenstücke von Sandstrand übergeführt worden sind, welche die sonst lang anhaltende Kliffküste unterbrechen.

Außerhalb des Gebietes der Höhenschichtenkarte spielen die Verlandungen an der südwestafrikanischen Küste ebenfalls noch eine große Rolle[1]). Die vereinigten Buchten von Lüderitzbucht sind auch auf dem Festlande gebildete Wannen, die jetzt überflutet sind, ohne daß hier eine wesentliche Verlandung oder Versandung vorliegt (vgl. Diamantenwüste II, 418—421).

---

[1]) L. Schultze-Jena, Aus Namaland und Kalahari, Jena 1907, S. 6 u. f. H. Lotz, Vergleichende Studien über die südwestafrikanische Küste und ihre Diamantlagerstätten. Beitr. z. geol. Erforschung d. Deutschen Schutzgebiete, Berlin, Heft 5, S. 1—57, 1913.

Von der Meeresküste aus eingreifende Erosionsrinnen unterbrechen oft die Kliffküste. Sie sind aber meist nur wenige hundert Meter in die Kliffküste rückwärts eingeschnitten. Sie zeigen sich fast überall, wo das Kliff ausgebildet ist, sind aber auf der Höhenschichtenkarte nur dort eingezeichnet, wo die genaueren topographischen Aufnahmen dies möglich machten (z. B. von 27° 14' bis 27° 26'). Sie treten reichlich auch noch auf bei 27° 5'—10', wo sie nicht eingezeichnet sind.

V. Zusammenfassung und Ausblick.

Wenn wir nun zum Schlusse die Hauptzüge von Oberflächenformen überblicken, welche auf der Höhenschichtenkarte zur Darstellung gekommen sind, so stellen wir zunächst fest, daß der größte Teil des Gebietes von der Deflationslandschaft gebildet wird, welche durch die vielen langgezogenen Rücken und Kämme auffällt, zwischen denen die vielen abflußlosen Wannen unseres Gebietes auftreten. Deren Entstehung ist bedingt einmal durch den tektonischen Bau des Untergrundes, dessen verwitterbare Schichten infolge der nicht fehlenden, wenn auch nur episodischen Niederschläge durch chemische Vorgänge gelockert werden, welche Aufbereitungsprodukte dann in erster Linie durch Deflation entfernt werden. Zurückbleibende Deflationsrückstände werden durch die Vorgänge des extrem-ariden Klimas weiter zerlegt und fallen, wenn auch langsam, doch der trockenen Abtragung zum Opfer. Die Deflationslandschaft spiegelt in ihren Formen den tektonischen Bau des Untergrundes wieder.

Die Deflationslandschaft ist an die Nähe der Küste gebunden, nicht weil hier chemische Verwitterung stärker ist, sondern weil hier die Windabtragung eine gleißmäßigere und durchdauerndere ist.

Die Deflationslandschaft wird gegen das Innere des Landes begrenzt durch die namentlich östlich des Kartengebietes verbreiteten weiten Einebnungen der Flächennamib, in welcher schon seit dem ersten Eintritt extrem-ariden Klimas, wahrscheinlisch schon in der Kreidezeit die Aufschüttung gegenüber der Abtragung den Vorrang hatte. Große Schotterschuttkegel aus kretazeisch-eocäner Zeit ragen in das Kartengebiet hinein. Aufschüttungen und Erosionsrinnen wie -täler untermiocäner Zeit haben bis in das Kartengebiet hineingereicht oder dieses sogar durchschnitten. Reste der kretazeisch-eocänen Eindeckung sind in Tafelbergen, als Zeugenbergen jener Überdeckung, noch heute den Rücken zwischen den Wannen der Deflationslandschaft aufgesetzt.

Die Einzelformen der heutigen Küstenlinie sind bedingt dadurch, daß ein Teil der vorgebildeten Wannenlandschaft unter den Meeresspiegel versenkt ist, und daß zwischen den untergetauchten Wannen befindliche Rücken nun durch die Meeresbrandung in eine Kliffküste umgewandelt sind, während die untergetauchten Hohlformen durch Verlandung und Versandung mehr und mehr zugeschüttet sind.

Kleinformen der Oberflächengestaltung, wie Korrasionslandschaften (Diamantenwüste II, 231, 411/2), Wanderdünen (Diamantenwüste II, 356 u. f.) kommen auf der Höhenschichtenkarte nicht besonders zum Ausdruck und sind erst durch das Studium des Verlaufes der Höhenlinien näher erkennbar.

Wenn wir nun hier dicht nebeneinander in einem Gebiete, das nur so geringe Höhenunterschiede aufweist, kretazeisch-eocäne Auflagerungsformen, postuntermiocäne Aufschüttungen und Talformen neben der meist postuntermiocänen Deflationslandschaft in heute fast dem gleichen Niveau über dem Meeresspiegel sehen, so müssen wir uns fragen, wodurch die Erhaltung dieser verschiedenartigen und so altersungleichen Formen dicht nebeneinander bedingt ist. Wir sehen darin die Zeichen für die überaus langsame Abtragung und auch für die ebenfalls sehr langsame gleichzeitige Ablagerung in diesem Gebiete. Wir dürfen allerdings nicht vergessen, daß es Räume des ariden, auch des extremariden Gebietes gibt, in welchen eine wesentlich stärkere Sedimentation erfolgt. Das ist in unserem Falle der innere Teil der Namib, dort wo diese an den Steilanstieg des innerafrikanischen Hochplateaus anstößt. Das sind in anderen Fällen bei Binnenwüsten die zentraleren Teile der Sedimentationsbecken. Aber hier haben wir dicht am Meeresufer ein Gebiet äußerst langsamer Sedimentation und Abtragung, welche beide durch Formationen hindurch ungefähr in demselben Niveau erfolgten. Größere Höhenunterschiede durch Aufschüttung wurden trotz der langen Zeit nicht geschaffen, wie auch übermäßige Austiefungen durch Abtragung nicht eintraten.

Das ist wichtig für die Fälle, in denen uns in älteren Formationen Ablagerungen extrem-ariden Klimas entgegentreten, die randlich an den großen Sedimentationsbecken extrem-ariden Klimas, und auch dort oft nur in örtlich beschränkten Resten, nur eine geringmächtige Folge von Schichten zeigen und trotzdem einer Reihe geologischer Horizonte entsprechen. Diese geringmächtige randliche Ausbildung steht dann oft in keinem Verhältnis zu der mächtigen Sedimentation weiter im Innern des Sedimentationsbeckens, kann aber aus den hier vorliegenden Untersuchungen über heutige Sedimentation eine Erklärung finden.

Nach dieser geologisch-stratigraphischen Richtung hin müssen nun, selbstverständlich nicht schematisch, die morphogenetischen Untersuchungen in der südlichen Namib ausgewertet werden, wozu es wünschenswert ist, daß ähnliche Untersuchungen auch in anderen heutigen Gebieten extrem-ariden Klimas durchgeführt werden. Gelingt es, diese zunächst nur die Formen und die Sedimentation in einem besonderen Typus extrem-ariden Klimas betreffenden Untersuchungsergebnisse auf ältere Formationen anzuwenden, dann erst ist ein Hauptziel dieser scheinbar zunächst nur die heutige Oberfläche behandelnden Untersuchungen erreicht.

Akademische Buchdruckerei F. Straub.

Abhandlungen
der Bayerischen Akademie der Wissenschaften
Mathematisch-naturwissenschaftliche Abteilung
XXX. Band, 9. Abhandlung

Höhenschichten-Karte

der Deflationslandschaft in der Namib Südwestafrikas und ihrer Umgebung

von

Erich Kaiser

München 1926
Verlag der Bayerischen Akademie der Wissenschaften
in Kommission des Verlags R. Oldenbourg München

Joh. Roth sel. Ww. München 2 NW 2

HÖHENSCHI

der Deflations

in der Namib Sü

und ihrer U

HTEN-KARTE

andschaft

estafrikas

gebung

gezeichnet auf der top

zu der geologis

in „Die Diamantenr

(Verlag Dietrich

v

ERICH

Maßstab

aphischen Unterlage

n Spezialkarte

e Südwestafrikas“

imer, Berlin)

AISER

25000

220–240 m

200–220 „

180–200 „

160–180 „

140–160 „

120–140 „

100–120 „

80–100 „

60 – 80 „

40 – 60 „

20 – 40 „

0 – 20 „

unter 0 m

Der nördliche Teil, etwa von 27° 9' s. Br. ab, bietet nur eine Kartenskizze.

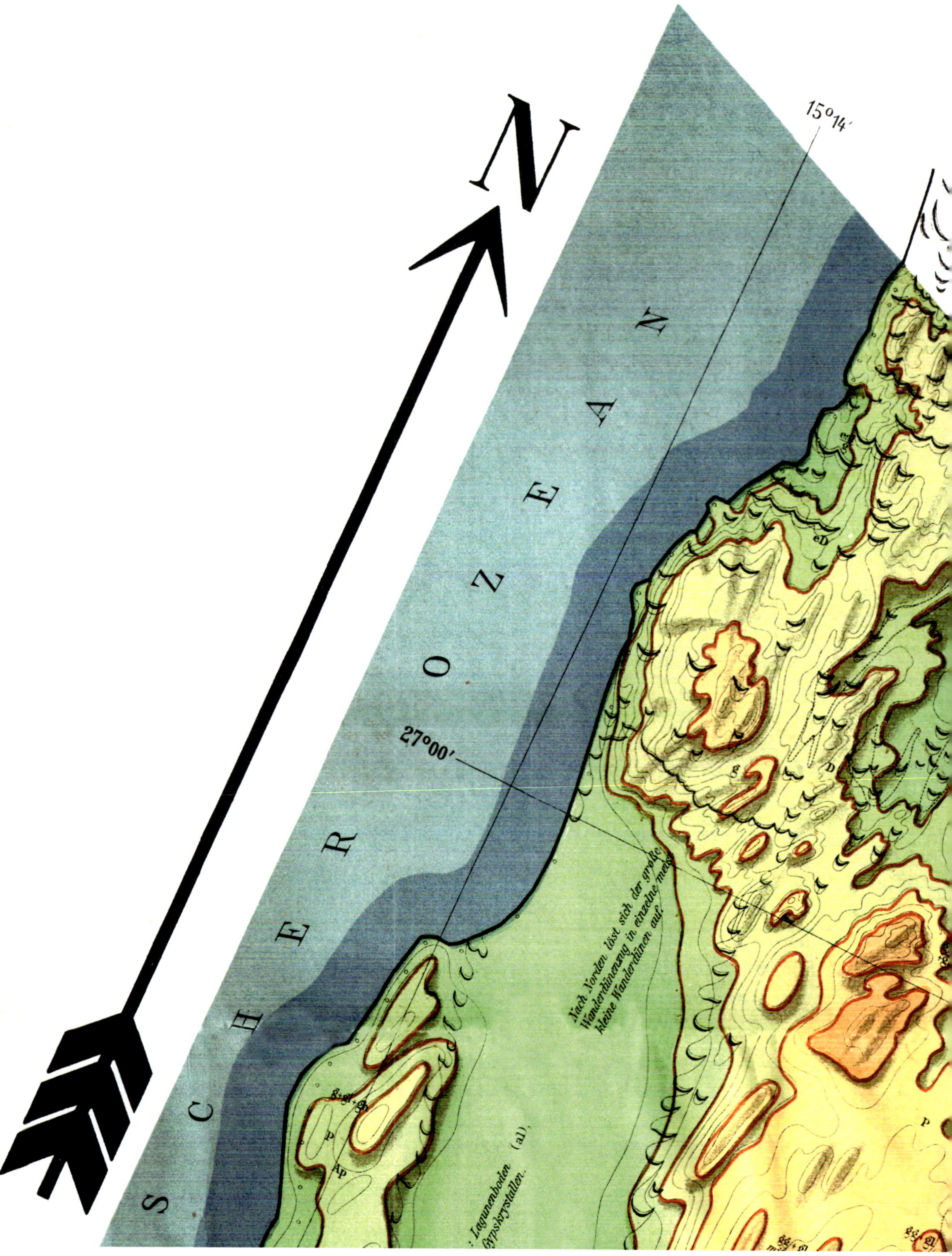

N
S C H E R O Z E A N
15°14′
27°00′
Nach Norden löst sich der große Wanderdünenzug in einzelne meist kleine Wanderdünen auf.
Lagunenboden (al),
Gypskrystallen.

usblock I
n. Elisabethbucht
Elisabethfeld I
Elisabethfeld II
Elisabethfeld III
Grillental IV
Grillental V
15°16′
15°18′

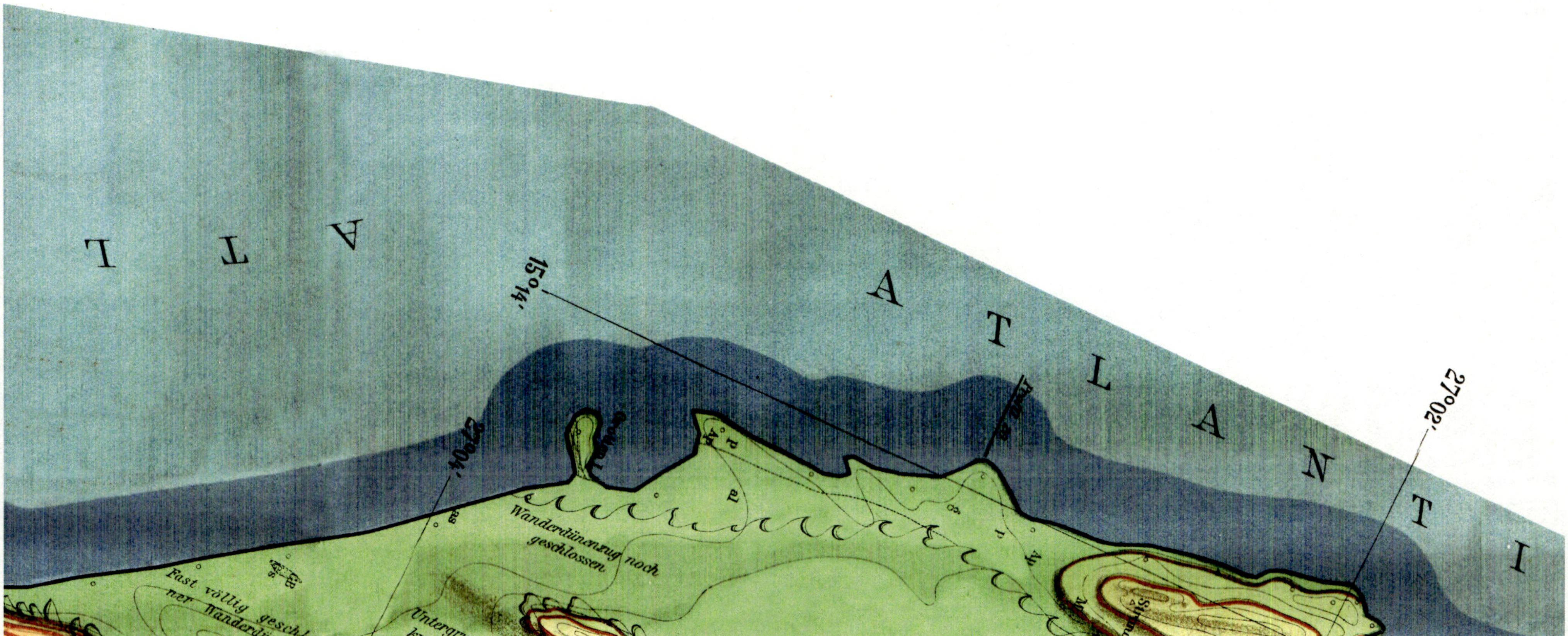

A T L A N T I
A T L
15°14′
27°02′
27°04′
Wanderdünenzug noch geschlossen
Fast völlig geschlo
ner Wanderdün

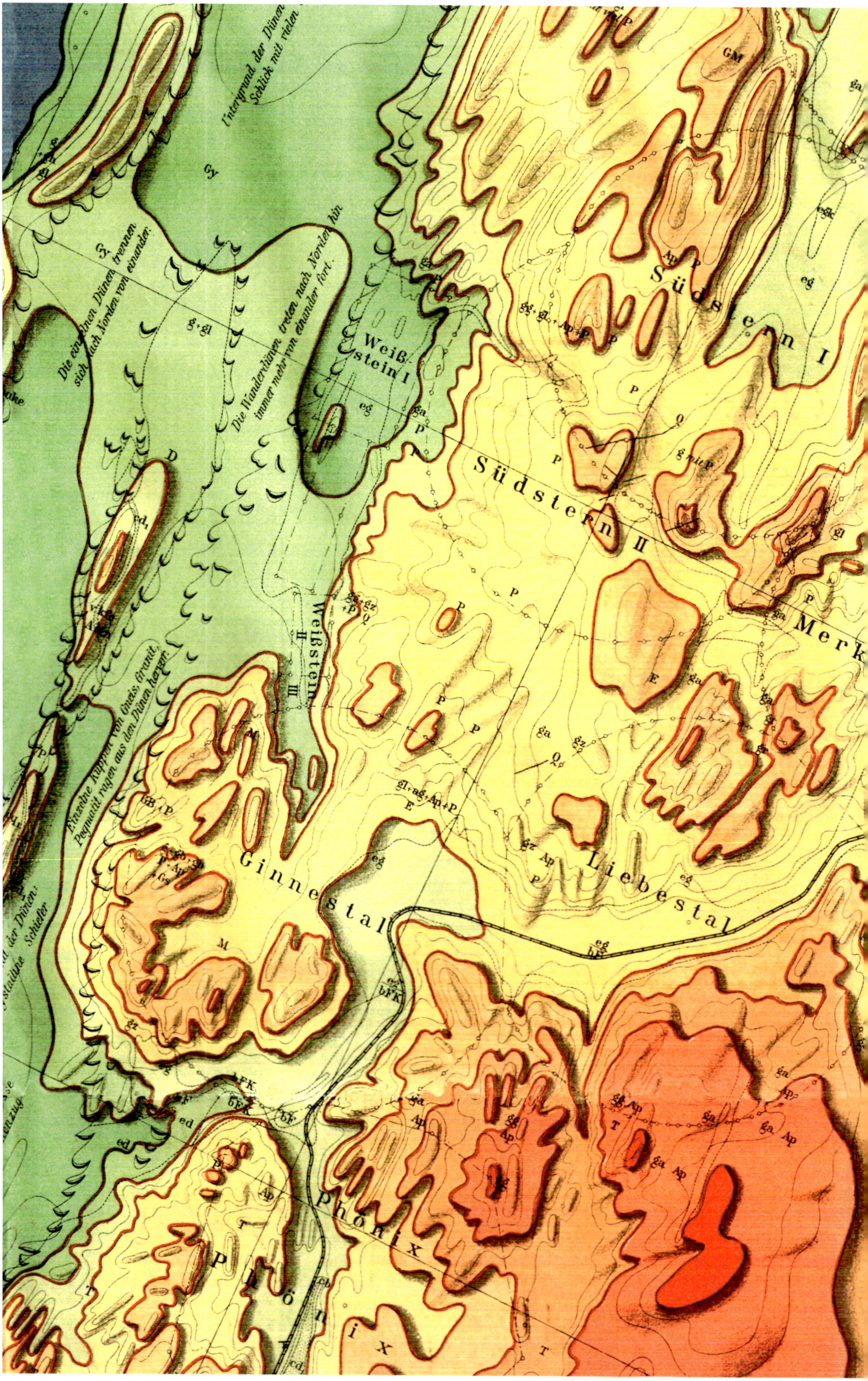

Untergrund der Dünen Schlick mit vielen
Die einzelnen Dünen trennen sich nach Norden von einander.
Die Wanderdünen treten nach Norden hin immer mehr von einander fort.
Weiß stein I
Weißstein II
Südstern I
Südstern II
Merk
Einzelne Kuppen von Gneis, Granit, Pegmatit ragen aus den Dünen hervor.
Ginnestal
Liebestal
Phönix
Phönix

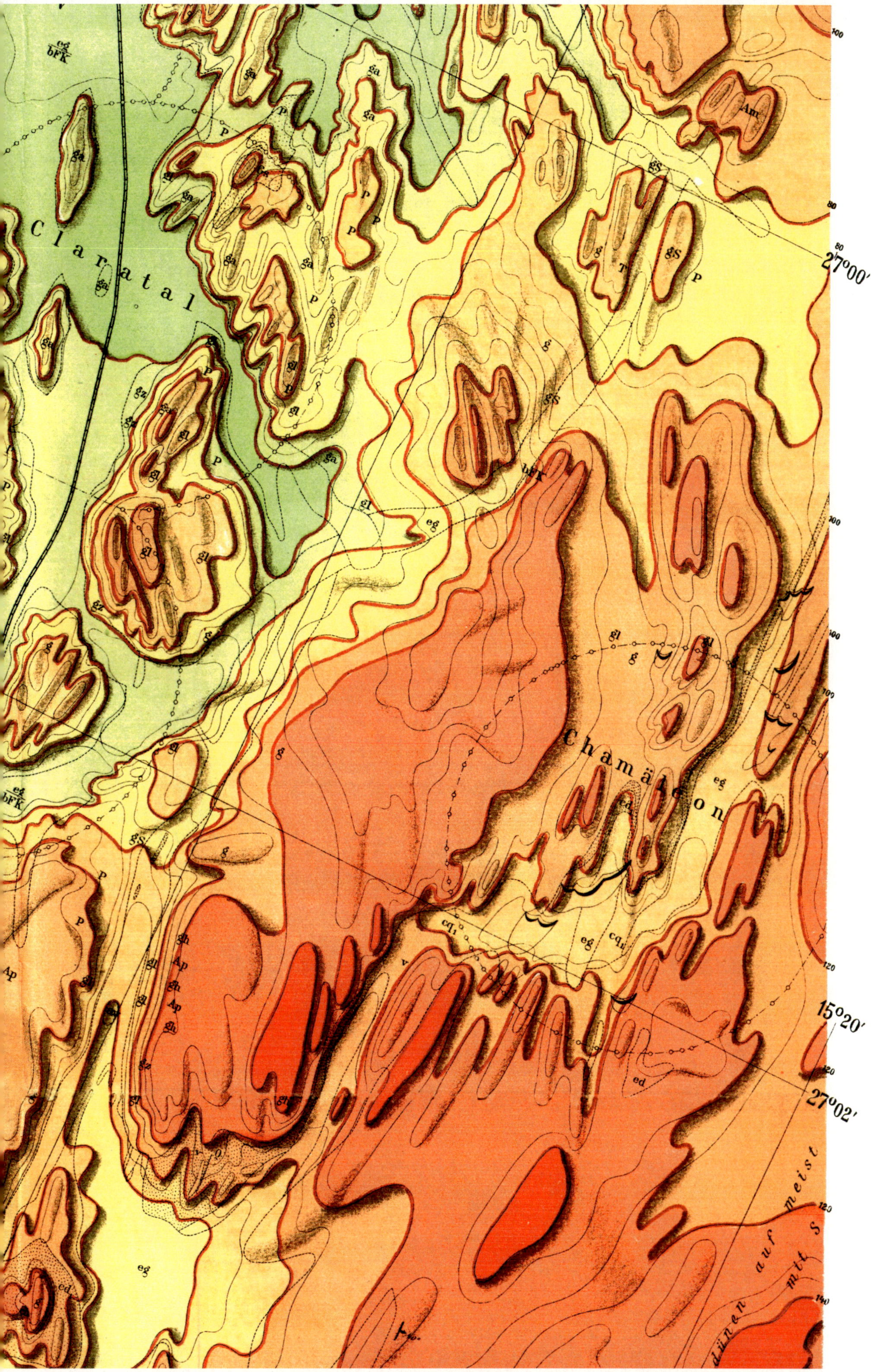

Claratal
Chamäleon
27°00′
15°20′
27°02′

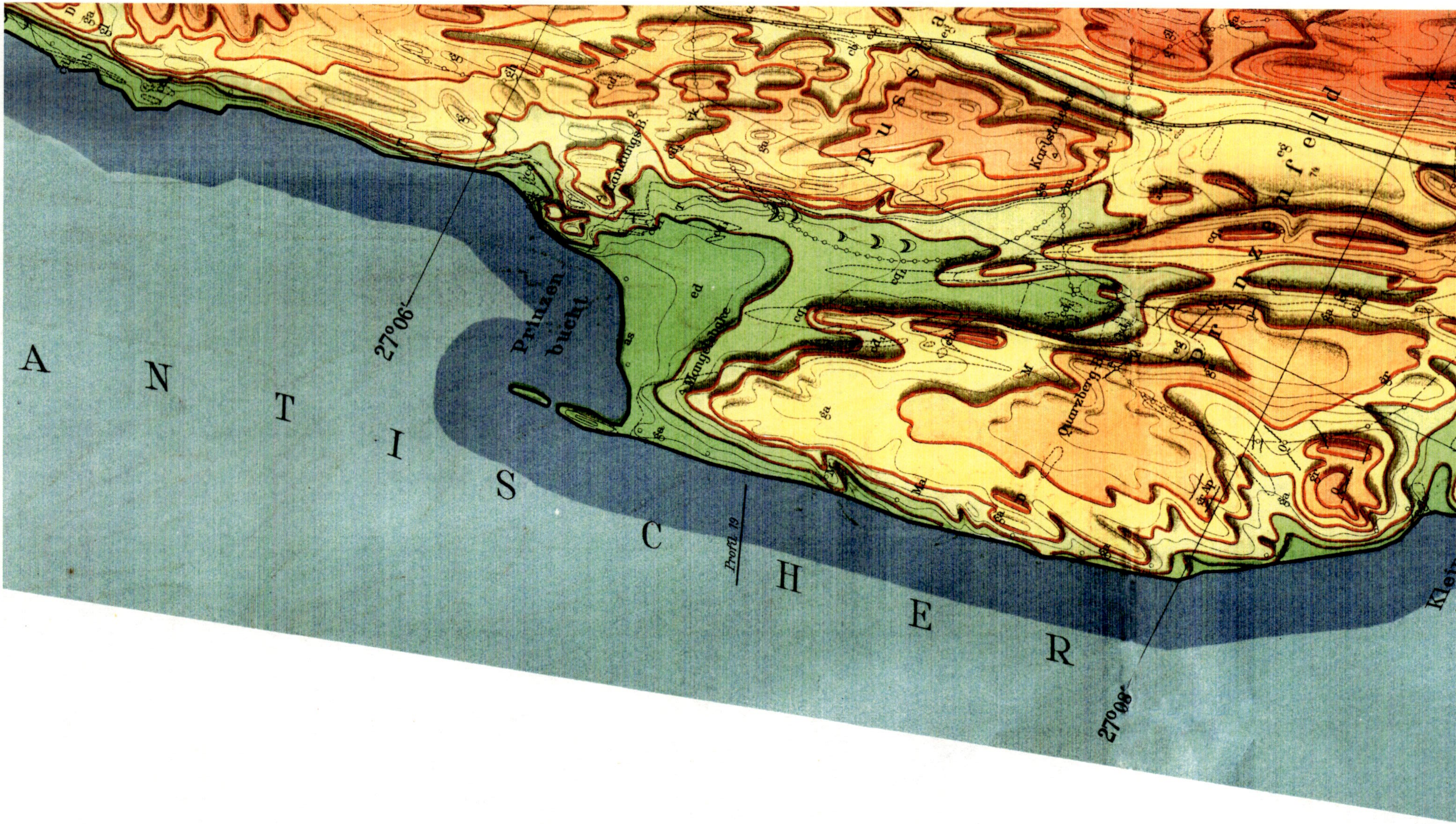

ANTISCHES MEER
Prinzen-bucht
Profil 19
27°06'
27°08'
Landungs B.
Mangelsnoke
Pussa
Karlstal
Prinzenfeld
Quarzberg
Kleine

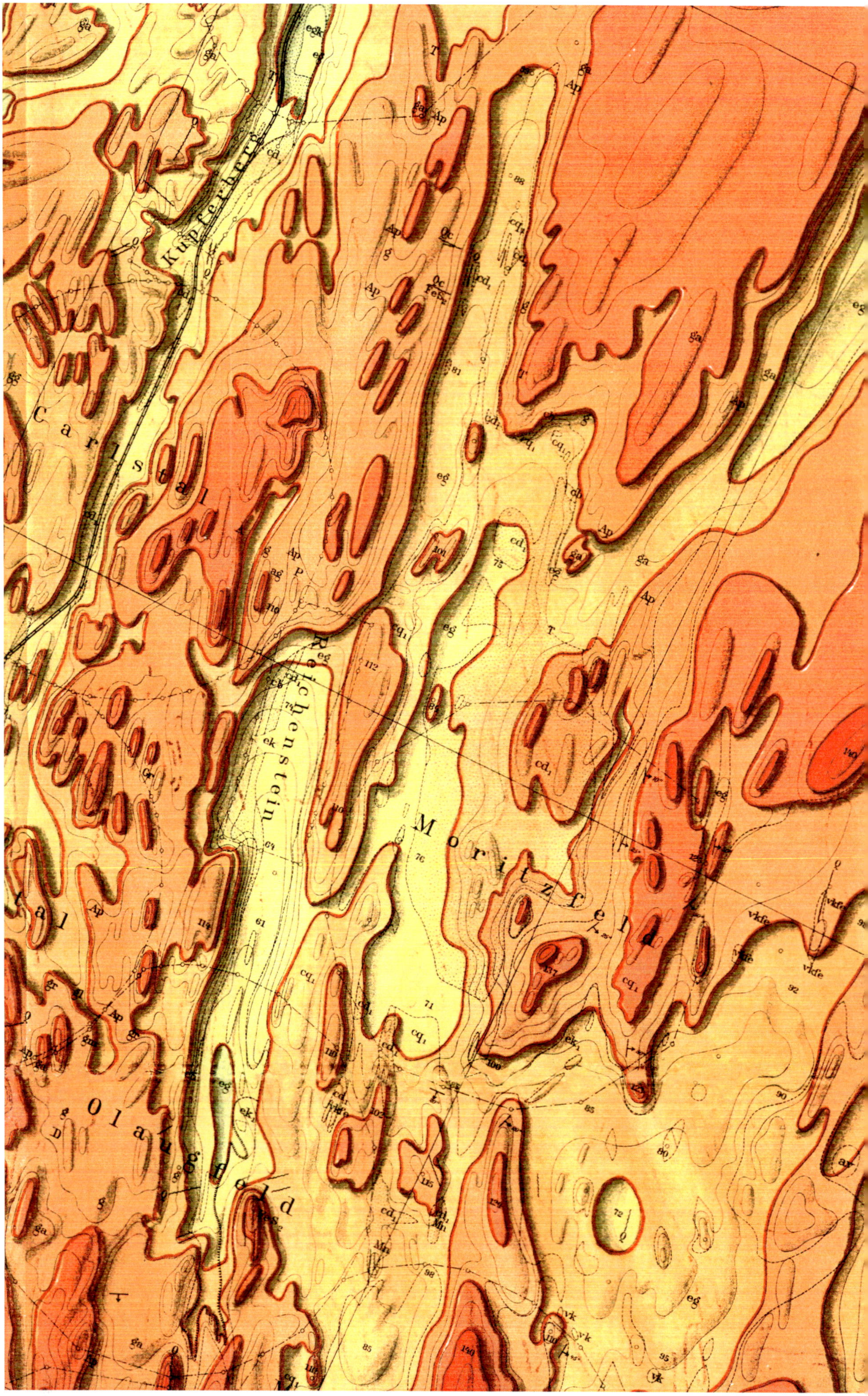
Kupferberg
Carlstal
Reichenstein
Moritzfeld
Olaugfeld

Viele einzelne Wanderdünen
Eschental
27°04′
Viele einzelne Wanderdünen auf meist schwach gefalteten Dolomit, mit vielen meist schmalen, lang ausgezogenen, mit Schutt (eg) und Flugsand (ed) erfüllten Rinnen.
Profil 19
Sieben Schwestern
5°22′
Sieben Schw

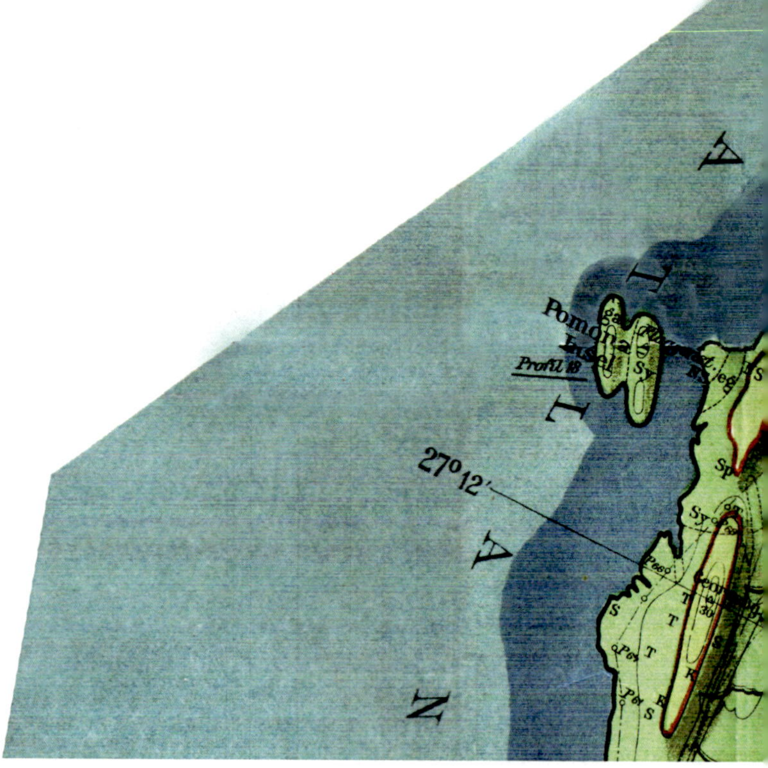
Pomona Insel
Profil 18
27°12'

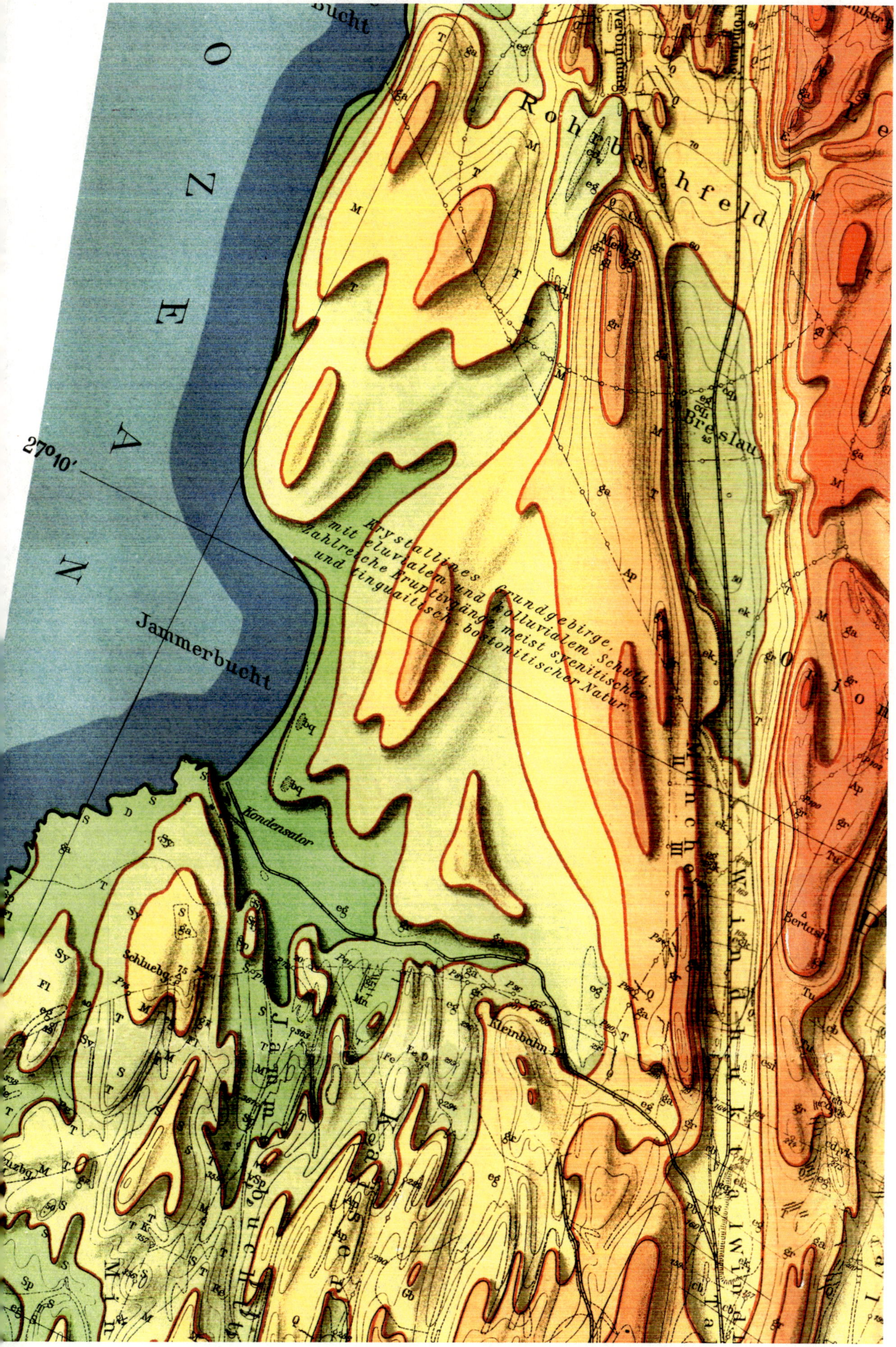

O Z E A N
27°10′
Jammerbucht
Rohrbachfeld
Breslau
Krystallines Grundgebirge, mit eluvialem und kolluvialem Schutt. Zahlreiche Eruptivgänge, meist syenitischer und tinguaitisch-bostonitischer Natur.
Kondensator
Kleinbahn

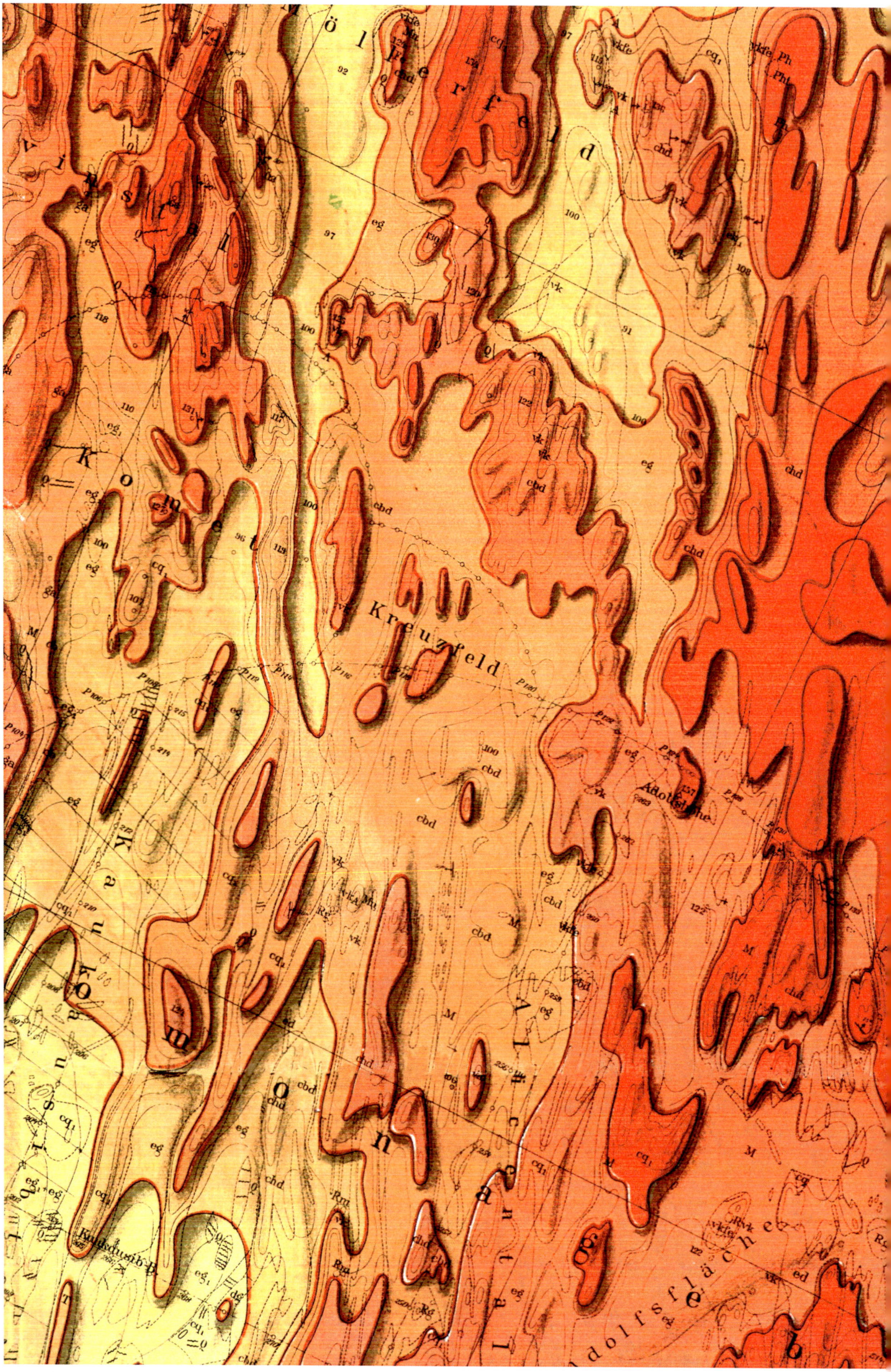
Kreuzfeld
Adolfshöhe

Sieben Schwestern II
Germania II
Germania III
Sieben Schwestern III
Sieben Schwestern IV
Schwarzkuppe
27°06′
27°08′
Profil 18

TISCHER OZEAN
Profil 16
15°16′
27°14′
Profil 15
Profil 14
Salz-
pfanne
Na Cl
3

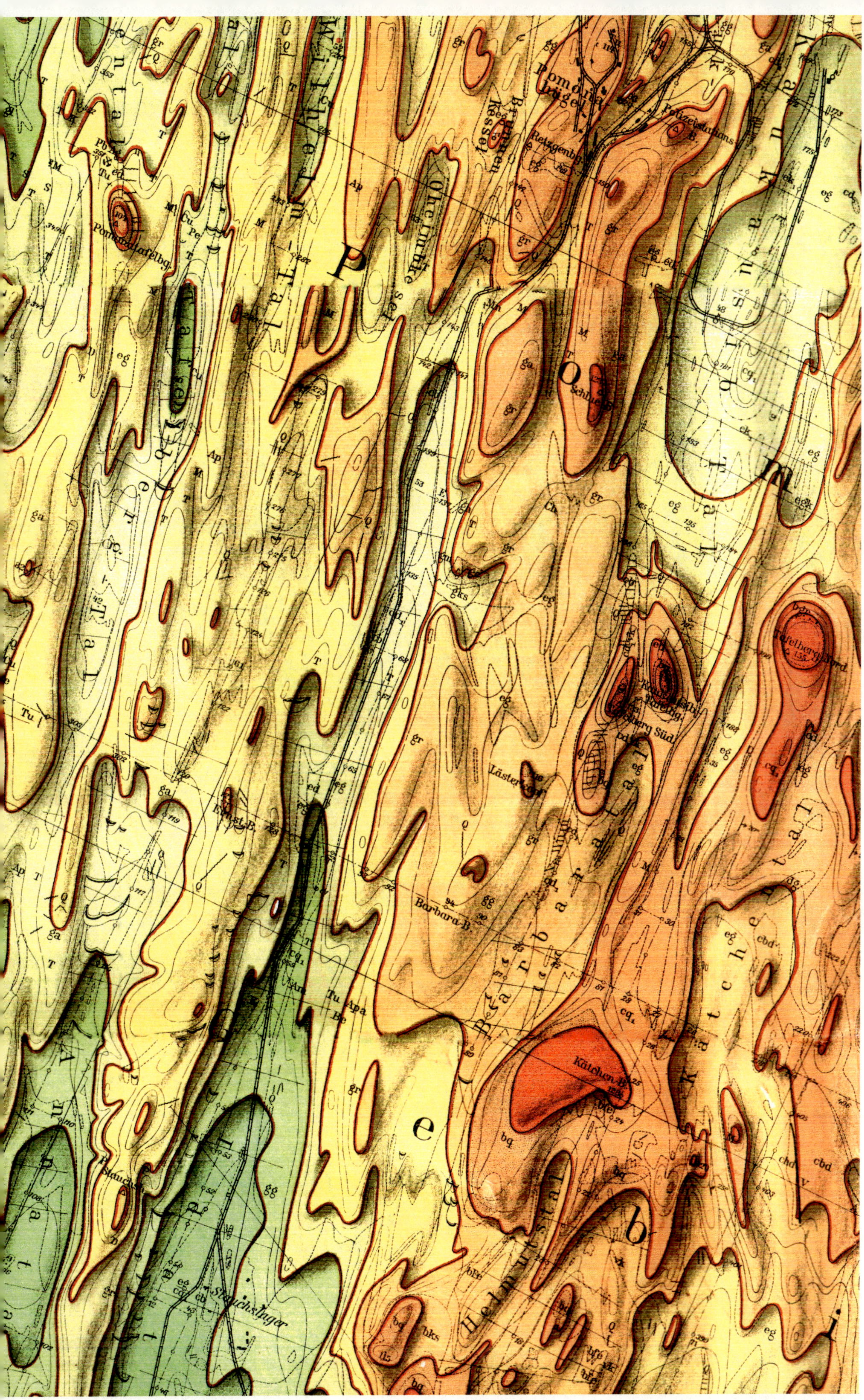

Barbara-B.
Stauchslager

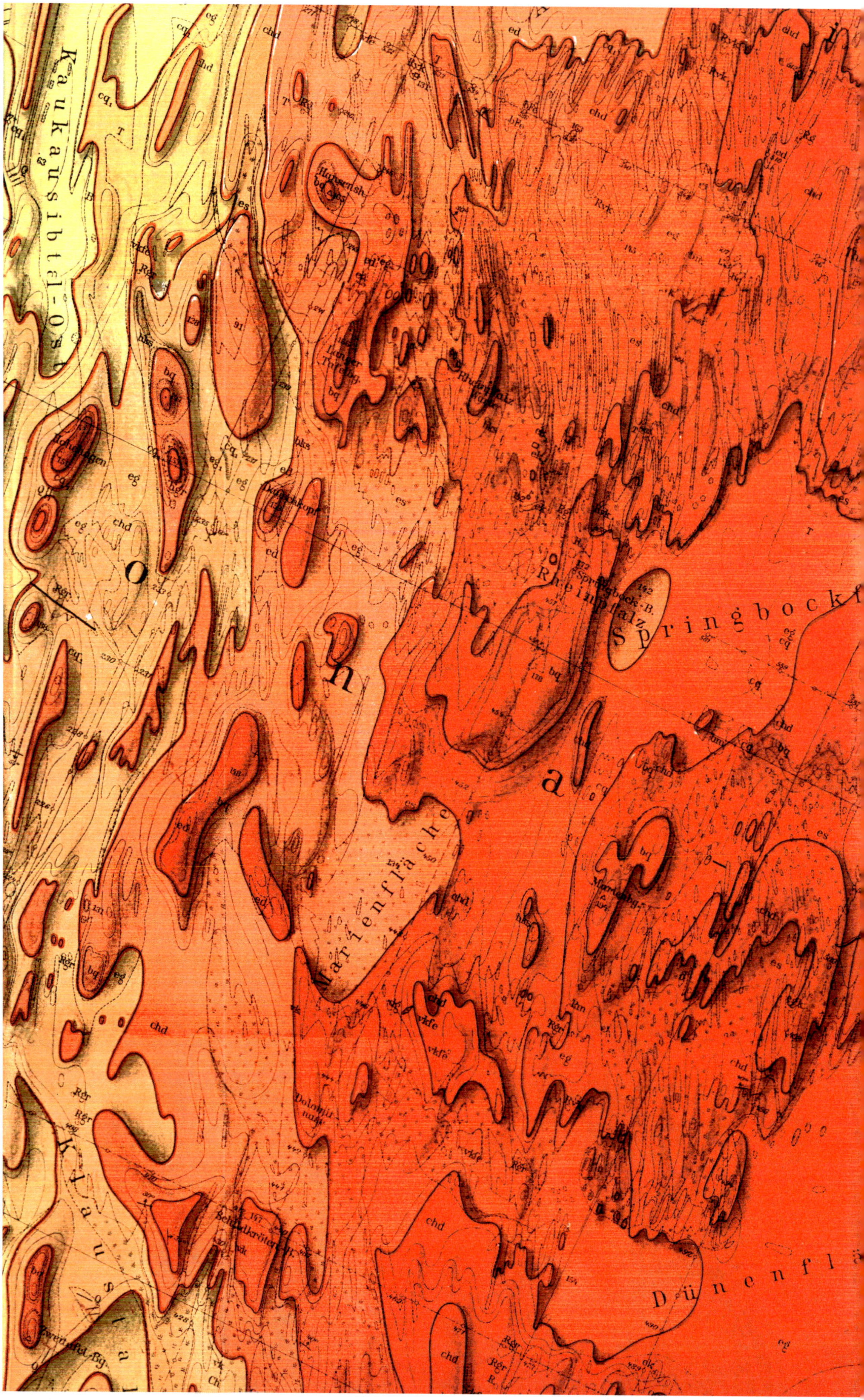

Kaukausibtal-Ost
Springbockf
Dünenflä
Rheinpfalz
Springbock-B.

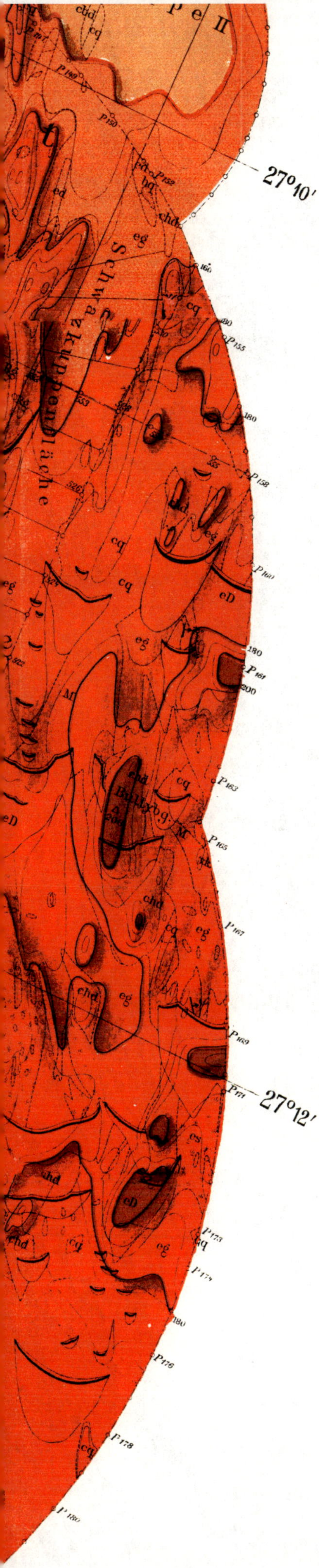

Profil 16

Profil 13
27° 18′
Profil 12
A
T

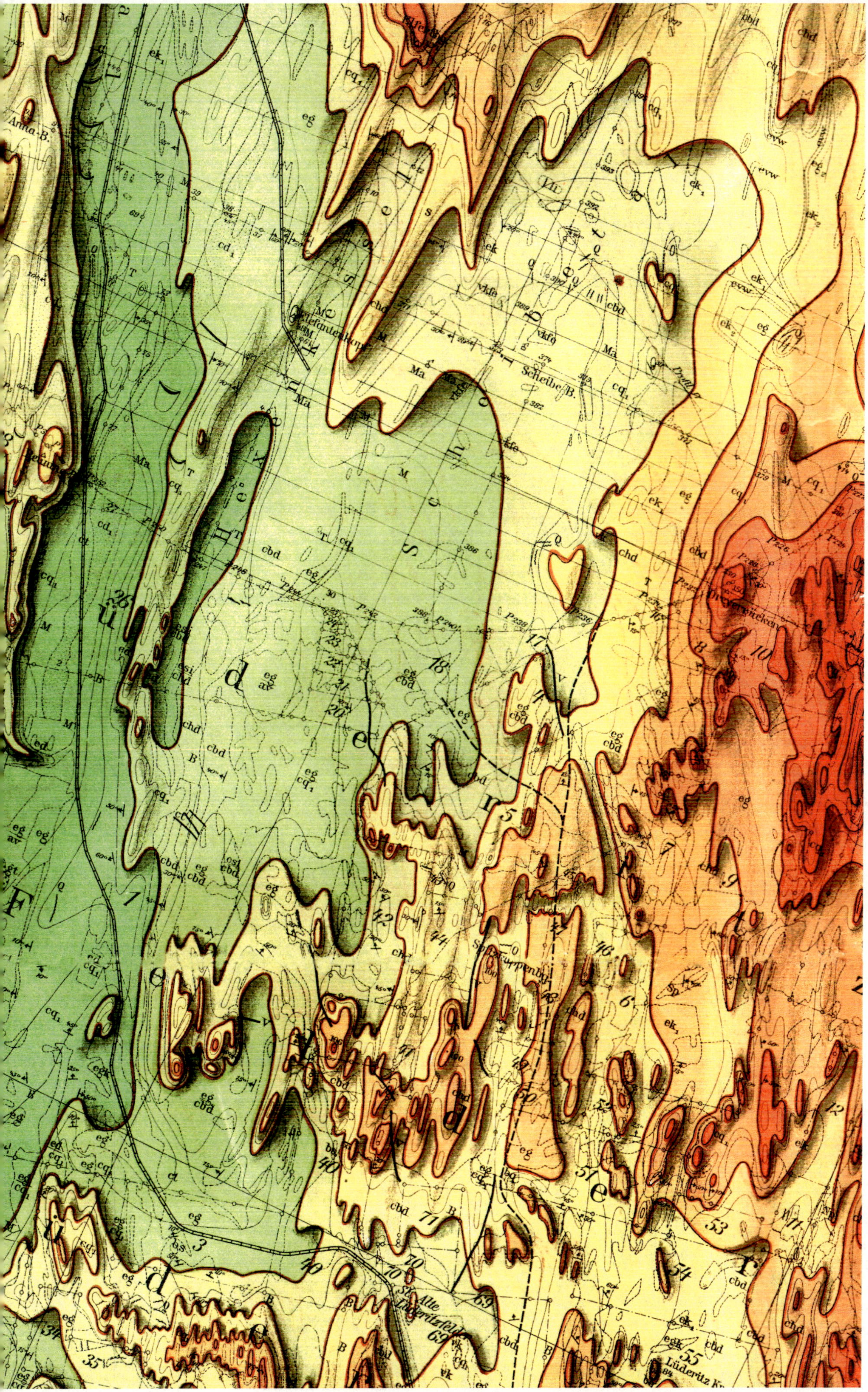

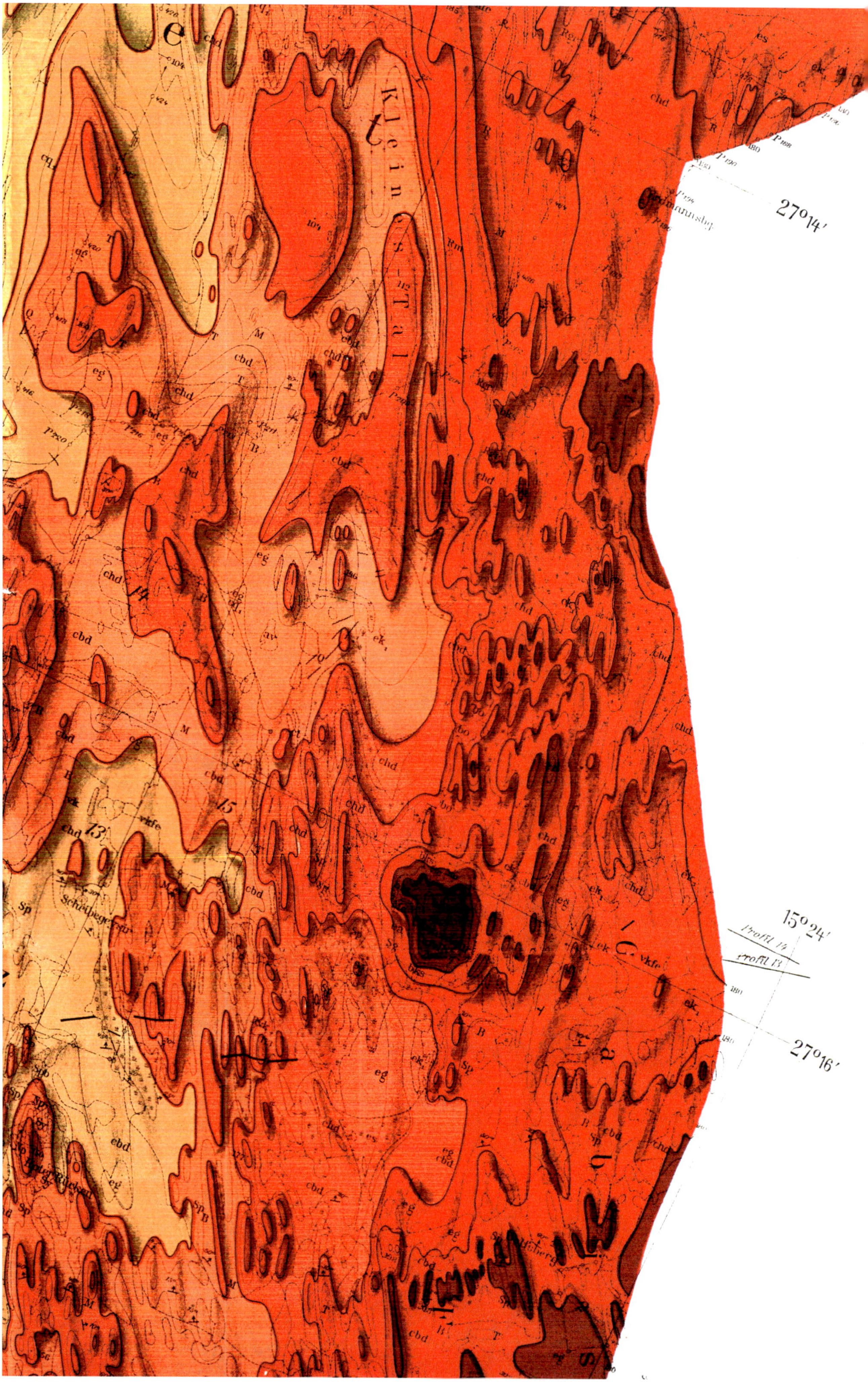
27°14'
15°24'
Profil 14
Profil 13
27°16'

Profil 15

LANTISCHER
27°20′
15°18′
27°22′
Profil 11
Profil 10

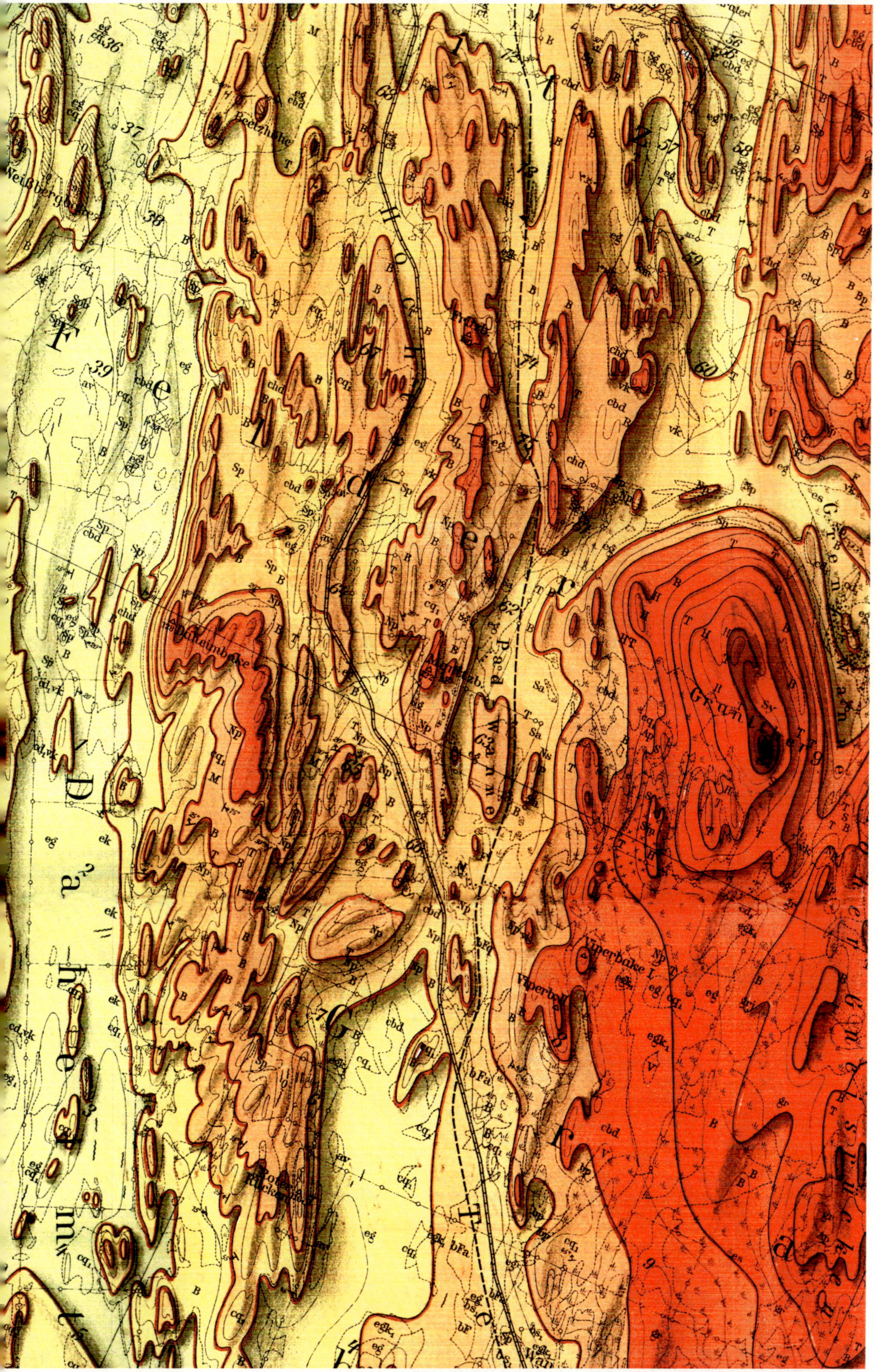

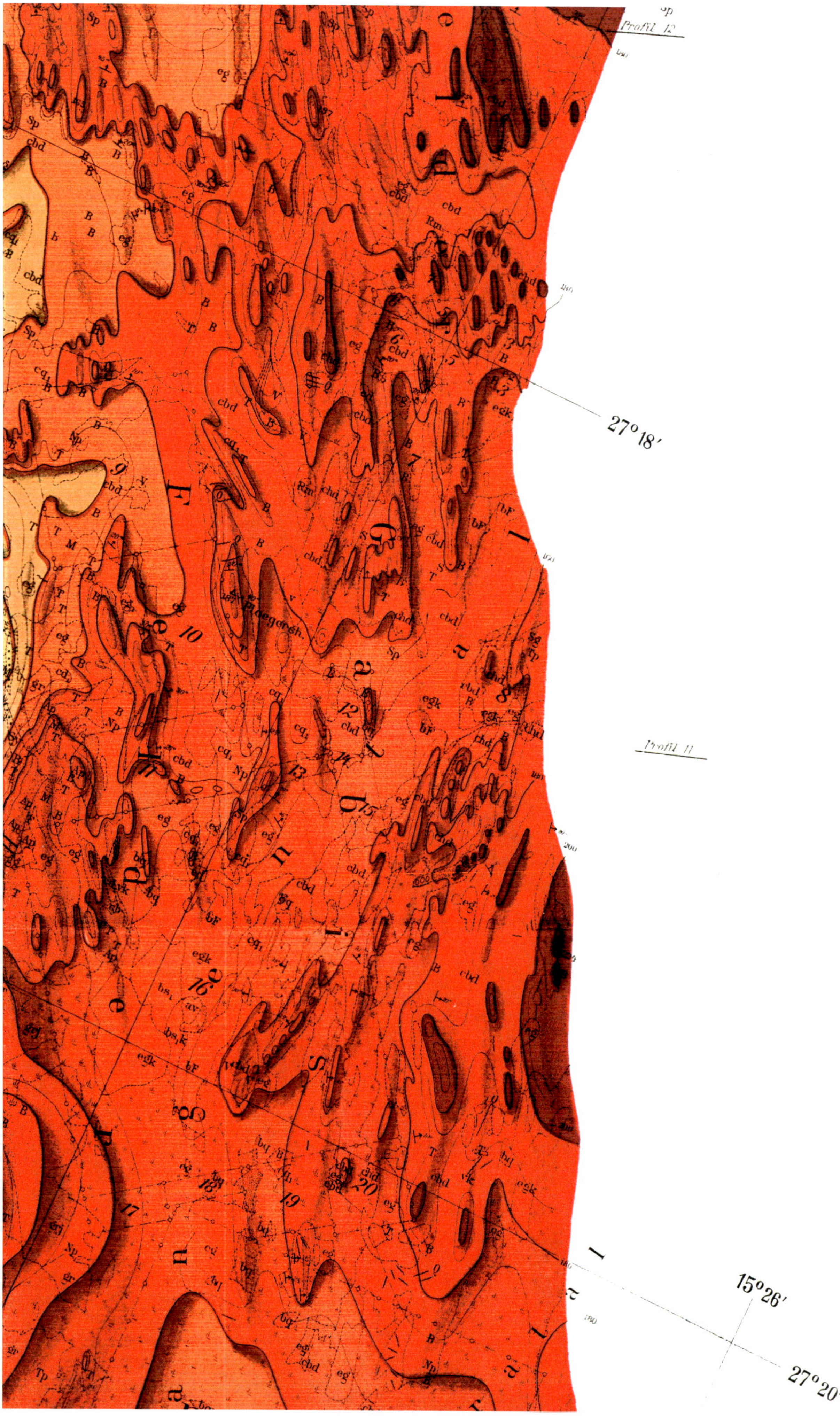

Profil 12
27°18′
Profil 11
15°26′
27°20′

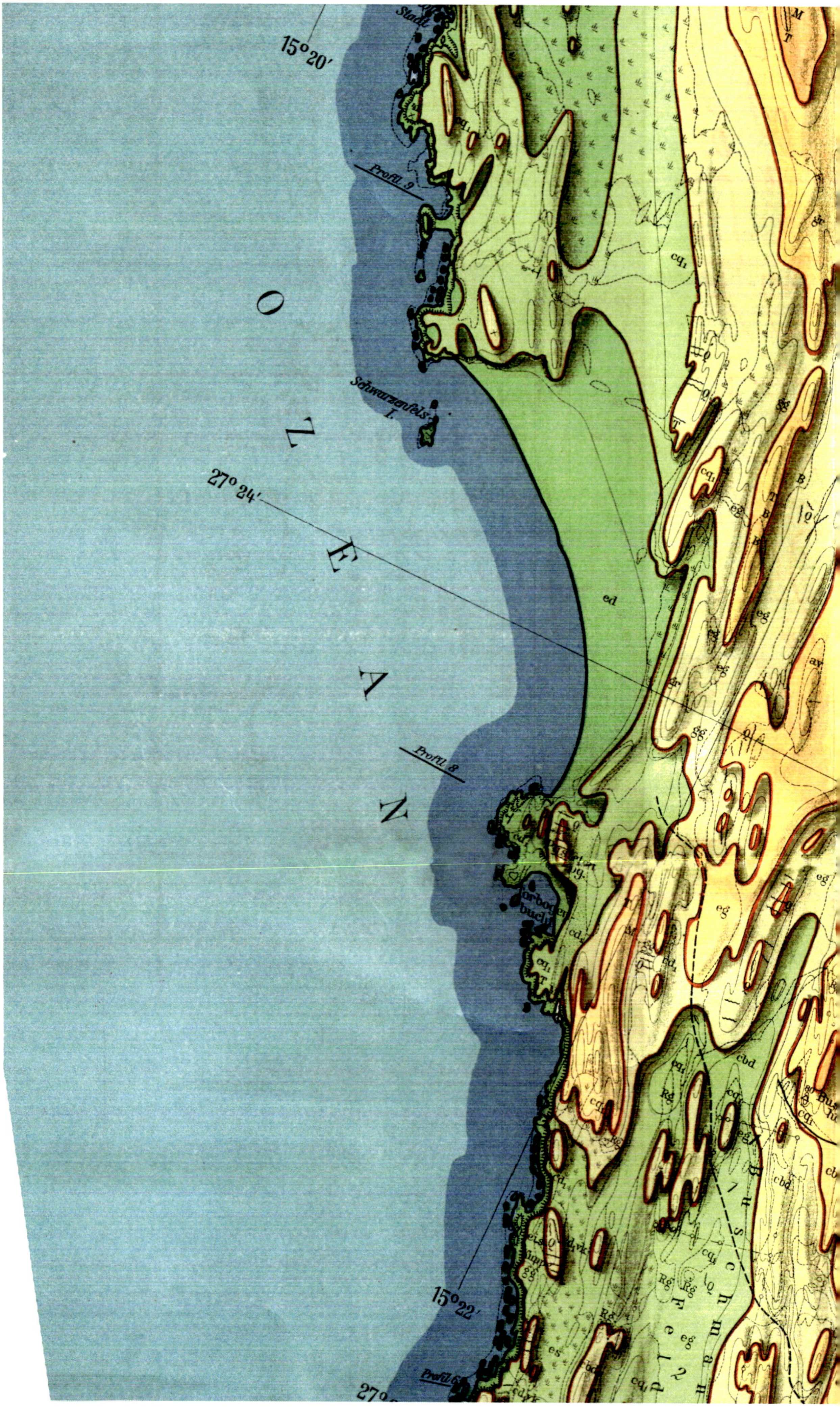
15° 20′
Profil 9
OZEAN
Schwarzenfels I.
27° 24′
Profil 8
15° 22′

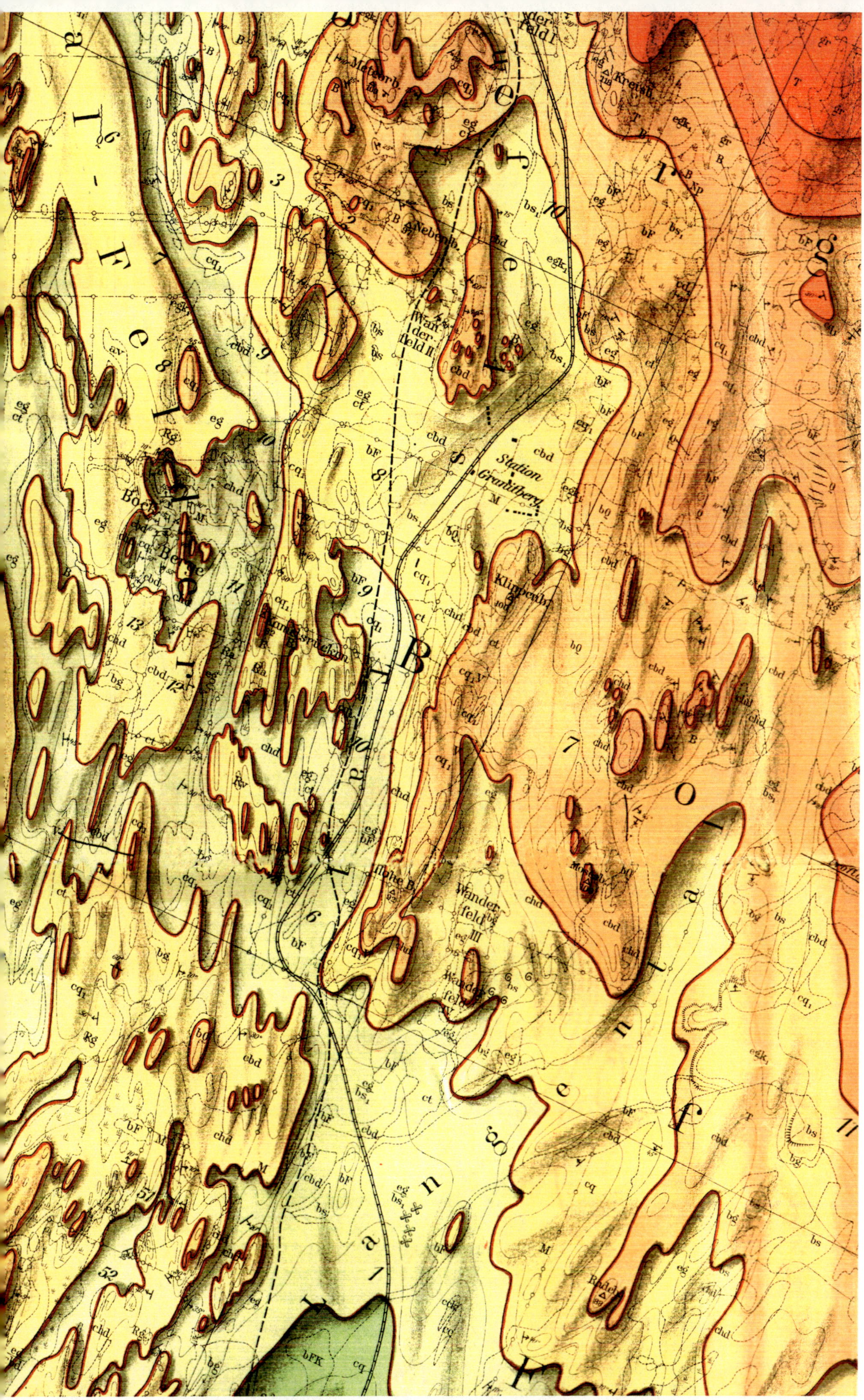
Station
Granitberg
Klimpenb.
Wanderfeld III
Hohe B.

F
10
12
13
14
15
21
i
t
e
l
d
g
e
n

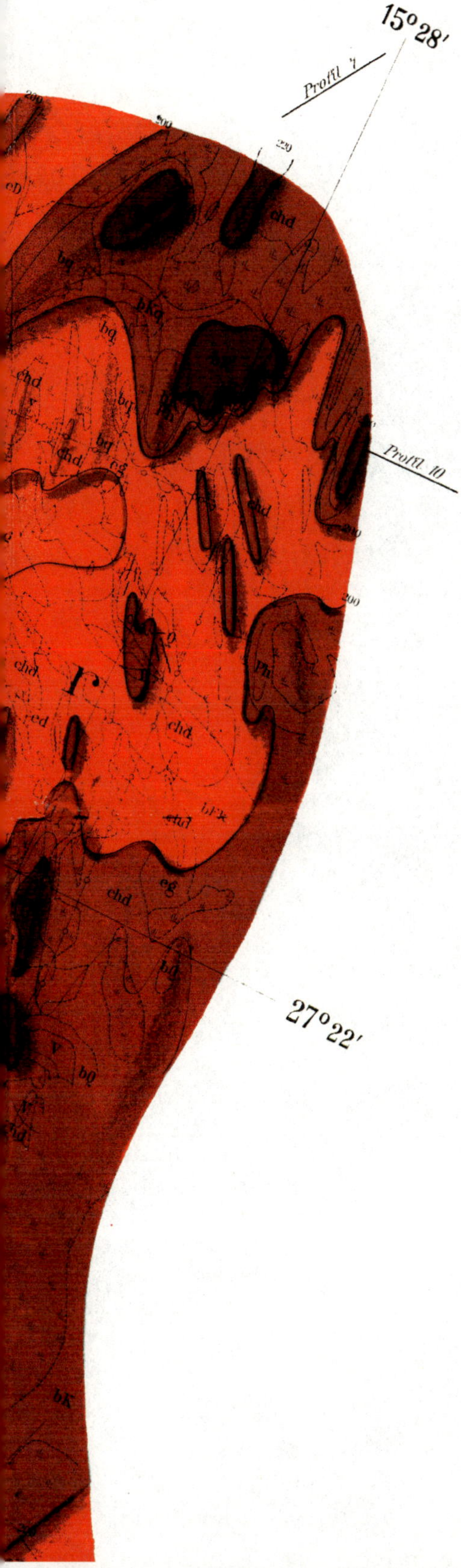

Die Ziffern für die Breitengrade auf dem rechten Rande im unteren Drittel der Karte müssen heissen:

27° 26'	statt	27° 18'
27° 28'	„	27° 20'
27° 30'	„	27° 22'
27° 32'	„	27° 24'
27° 34'	„	27° 26'
27° 36'	„	27° 28'
27° 38'	„	27° 30'

Die Ziffern auf dem linken Rande sind in entsprechender Weise zu ändern.

26'
Taufstein
ATLANTISCHER O
Profil 5
Bogenfelsen
27°20'
15°24'

Station
Bogenfels

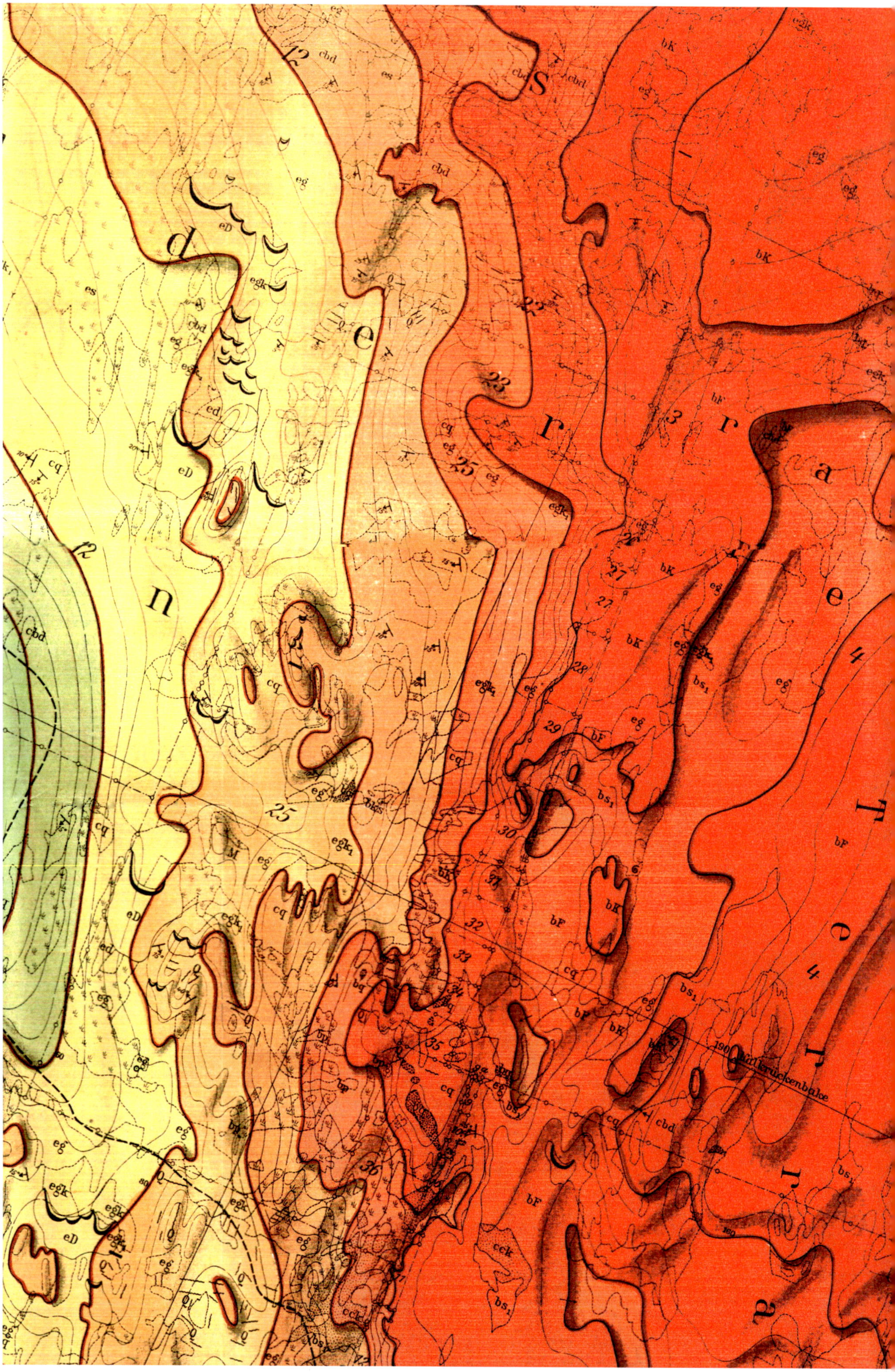

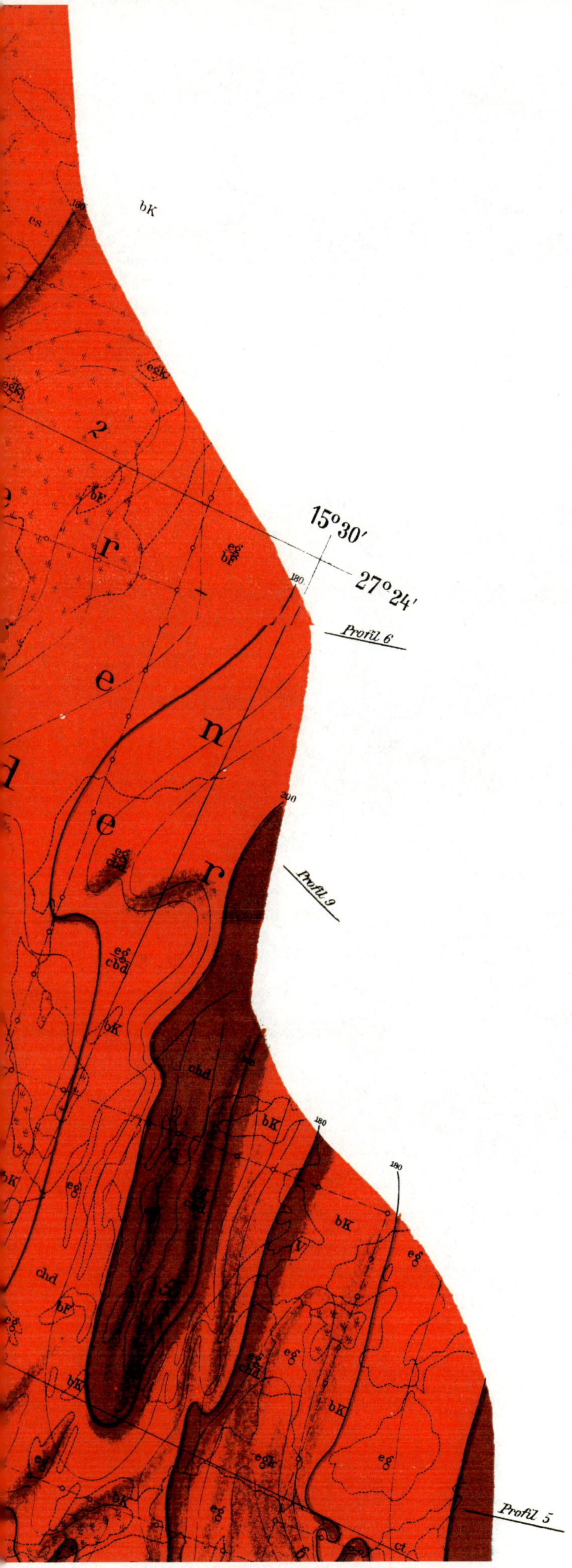
15°30′
27°24′
Profil 6
Profil 9
Profil 5

Z E A N
27°22

Gamachab

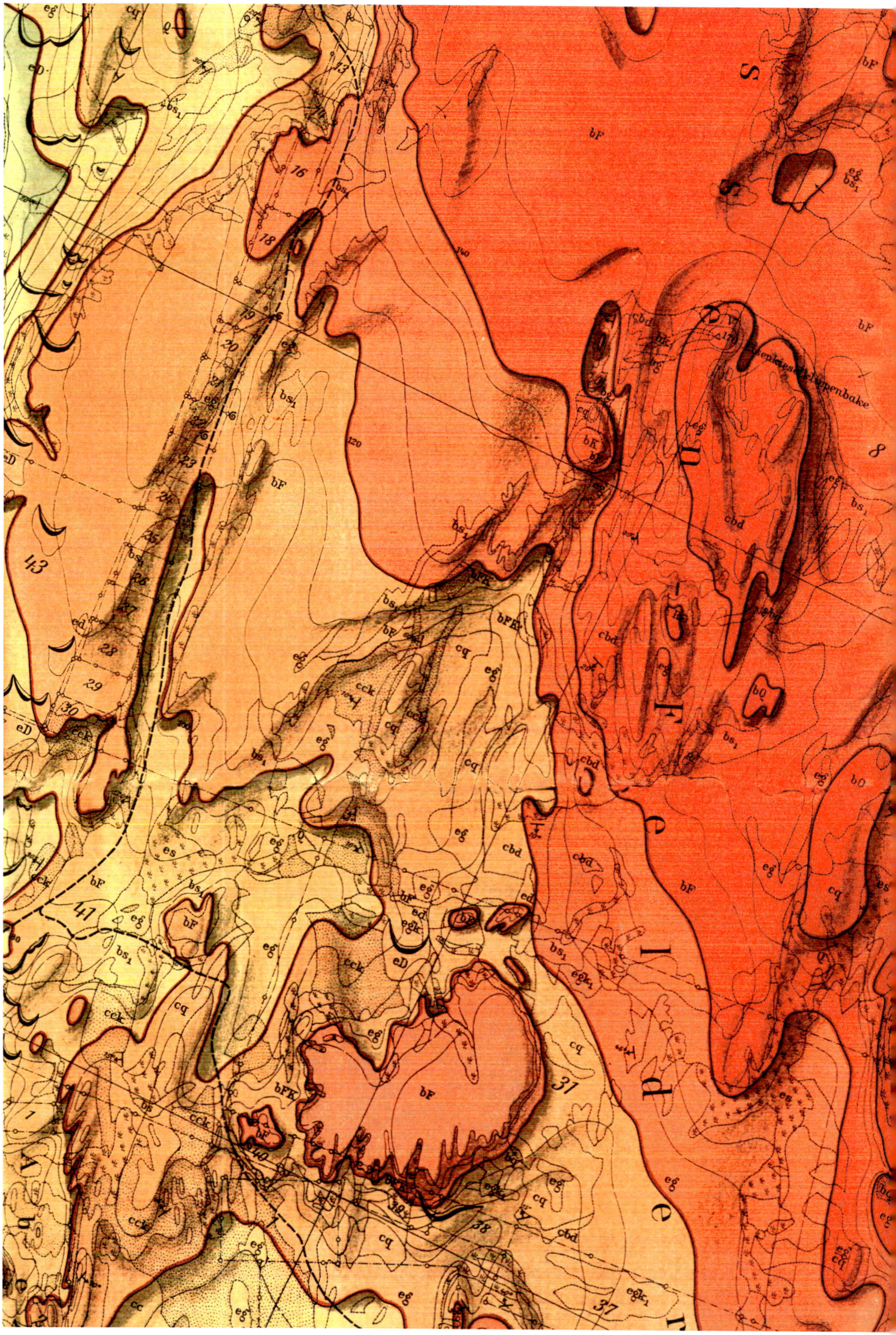

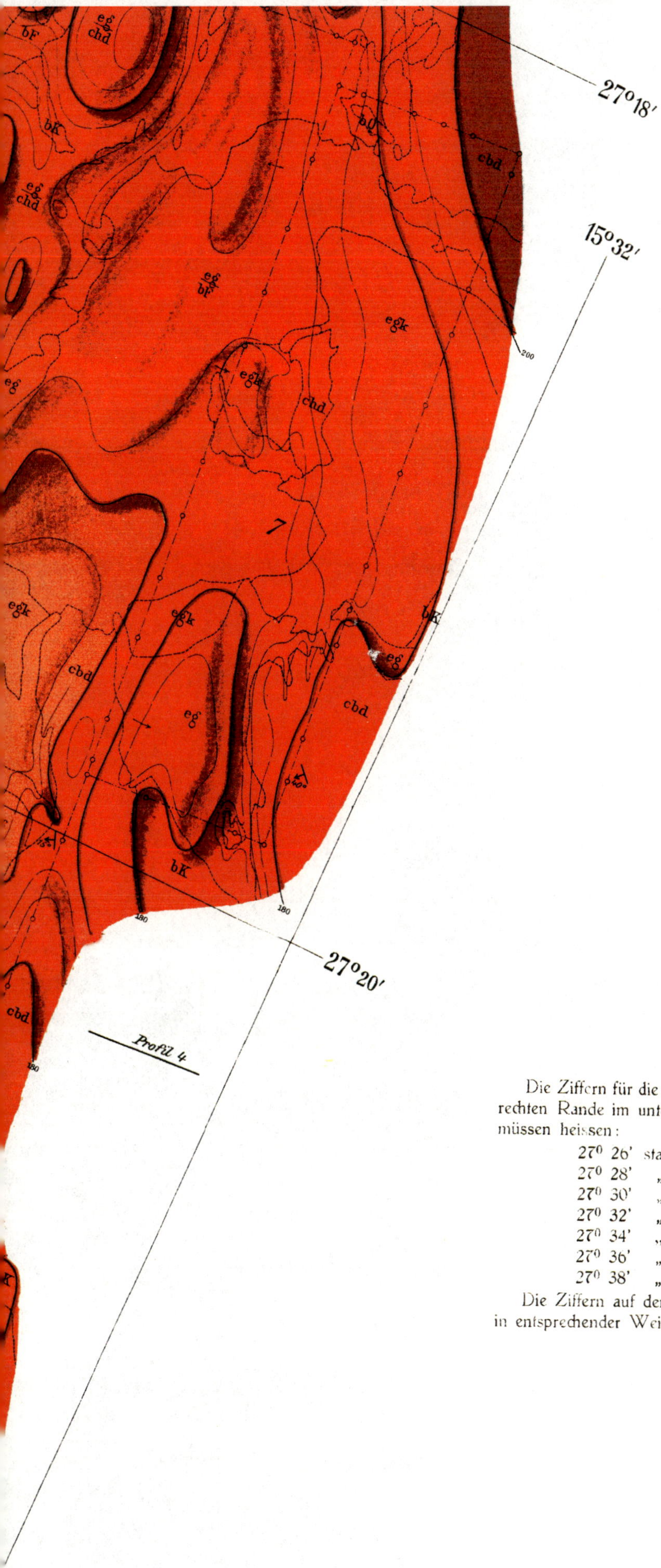

Die Ziffern für die Breitengrade auf dem rechten Rande im unteren Drittel der Karte müssen heissen:

27° 26'	statt	27° 18'
27° 28'	„	27° 20'
27° 30'	„	27° 22'
27° 32'	„	27° 24'
27° 34'	„	27° 26'
27° 36'	„	27° 28'
27° 38'	„	27° 30'

Die Ziffern auf dem linken Rande sind in entsprechender Weise zu ändern.

N

27°24'
Profil 2
27°26'
Bucht
Profil 2
15°28'

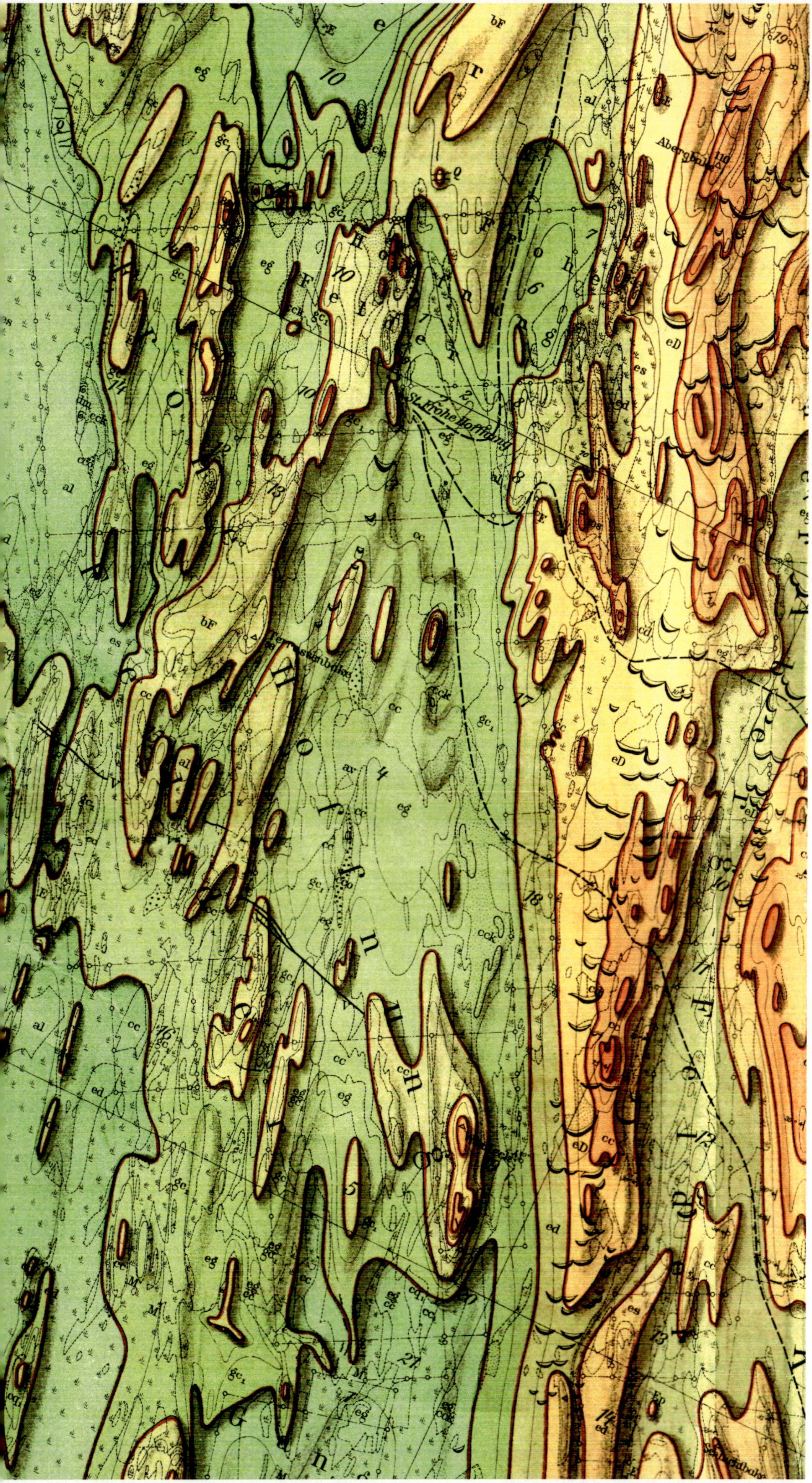
St. Frohe Hoffnung

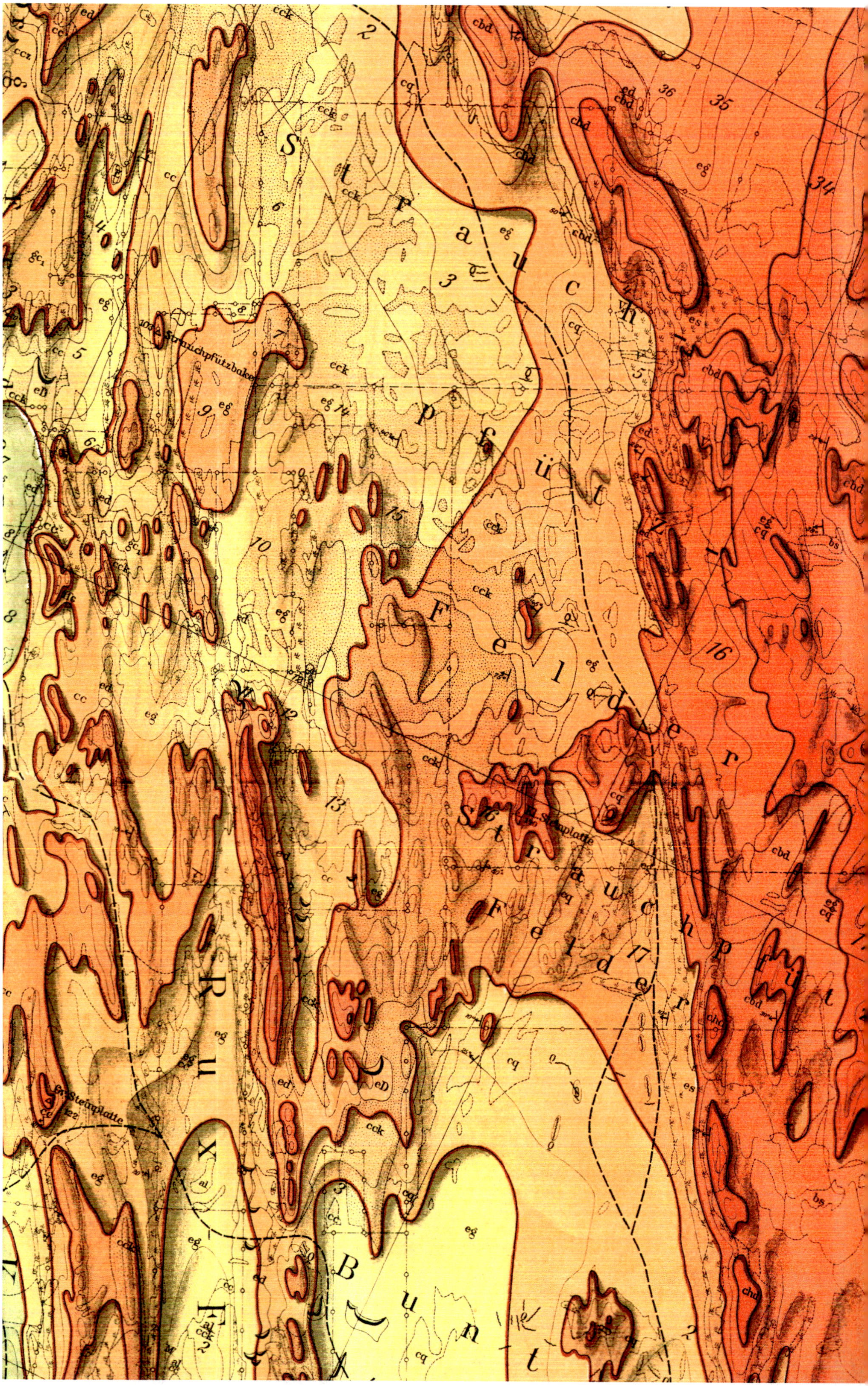
Felder
Gr. Steinplatte

cbd
Platte
27°22′
200
220
220
Profil 3
220
cbd
200
27°24′
180
15°34′

N T I S C H E R

K o p f
F e l d e r
Arche Noah
15°30'

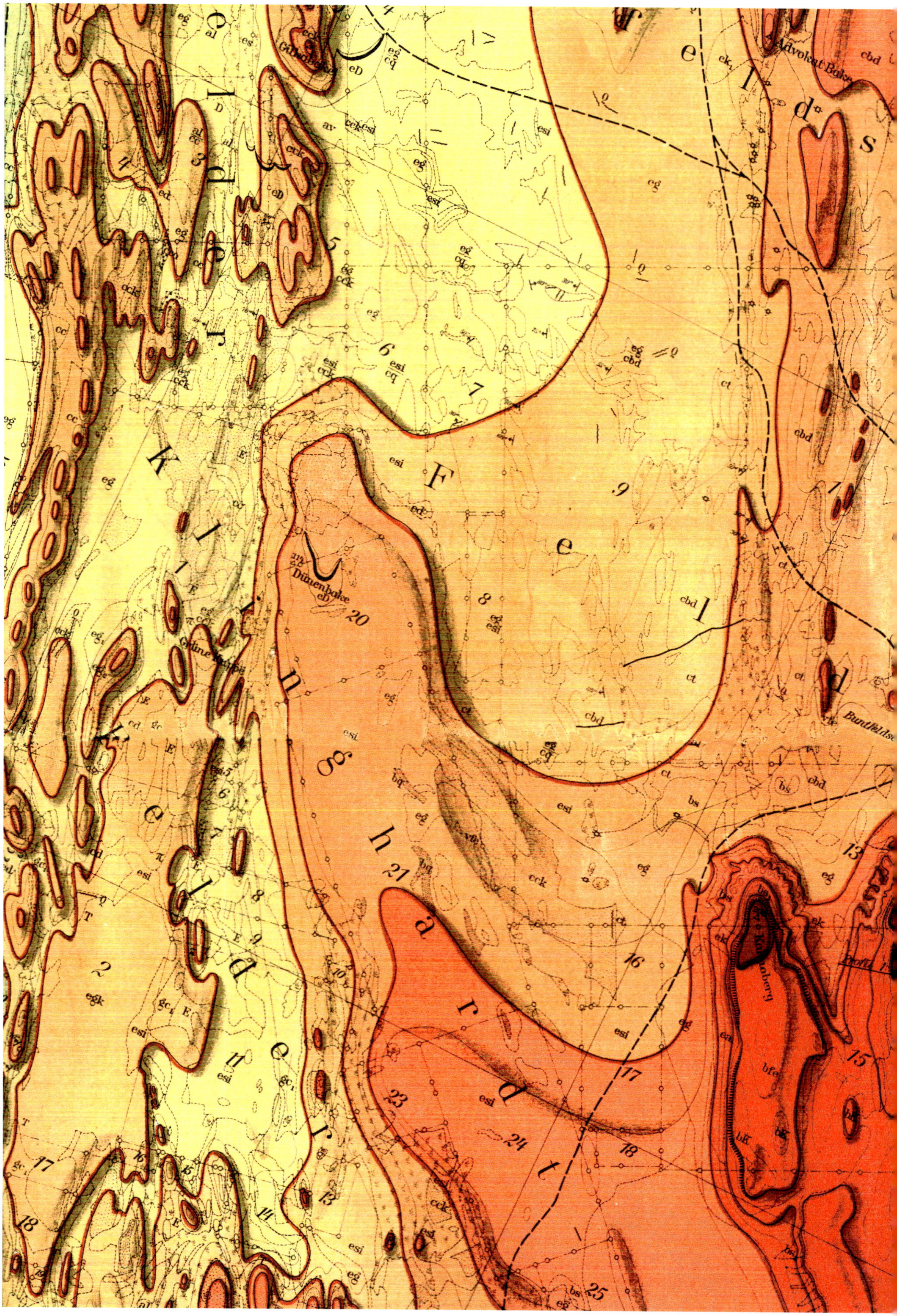
Dünenbake

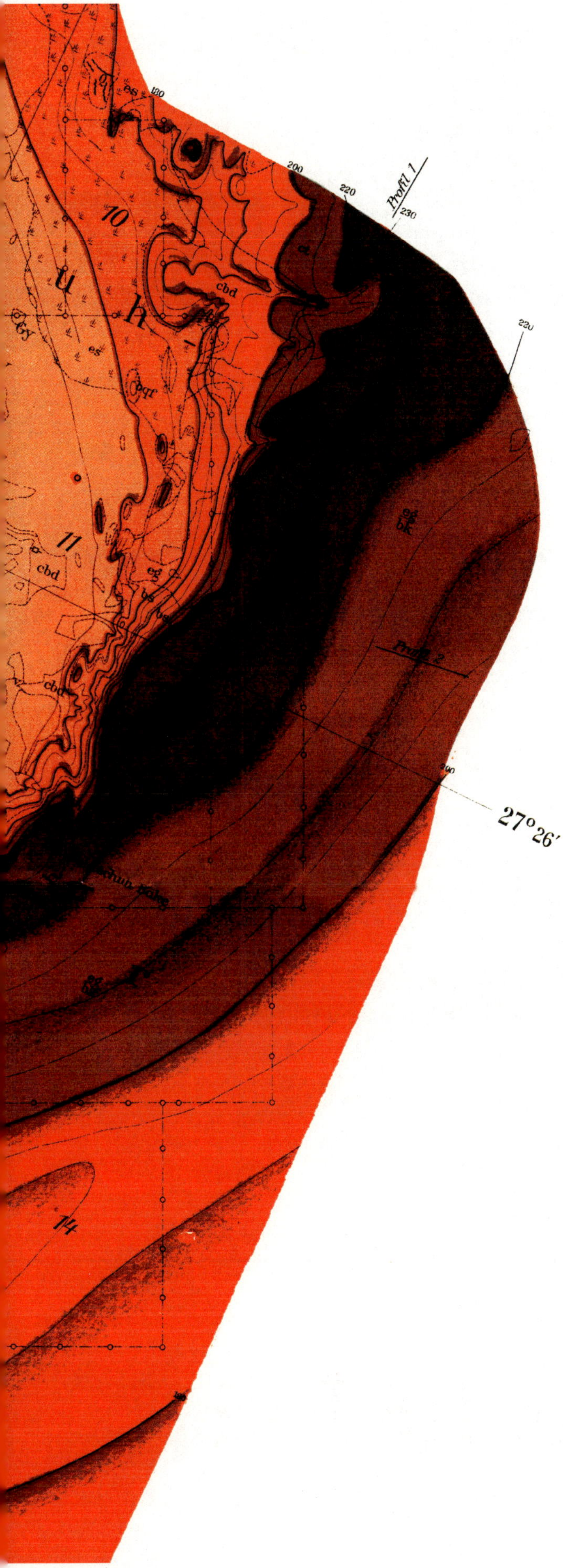
Profil 1
Profil 2
27°26′
180
200
220
230
220
10
11
14
cbd
cbd
es
eg

Lithographie der Farbplatte

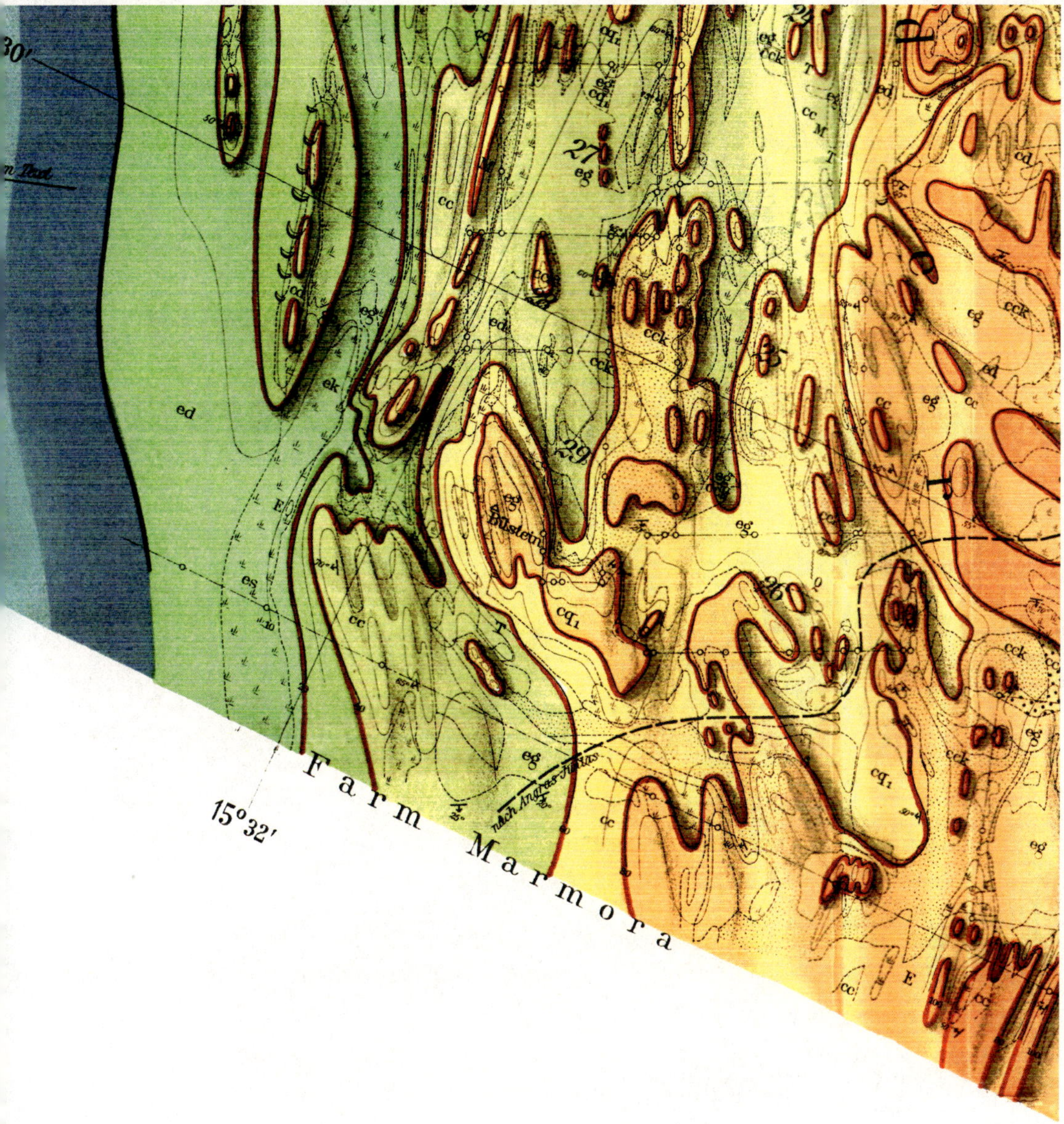

nd Druck von der lithogr.

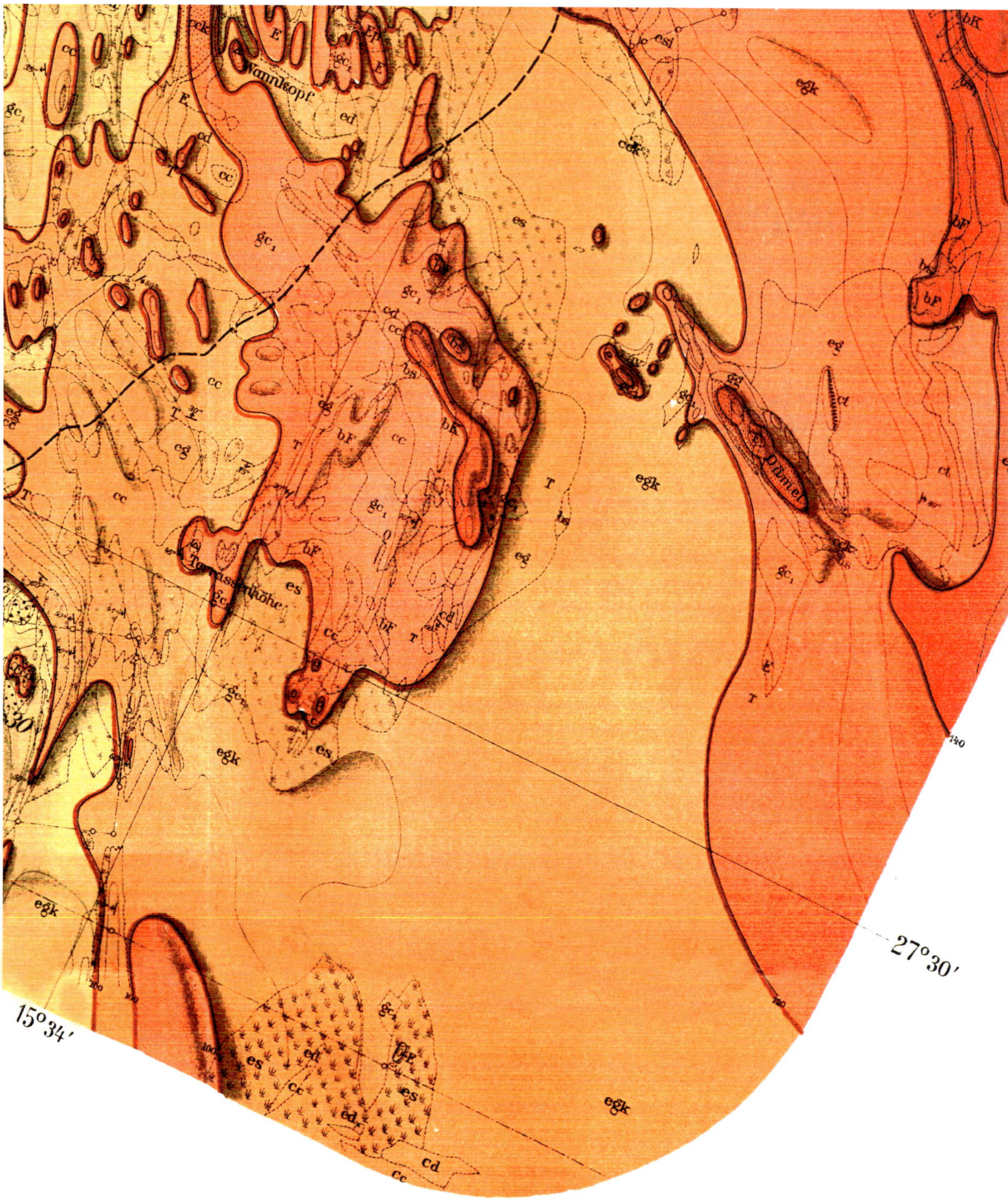

-geogr. Anstalt Joh. Roth se

Die Ziffern für die Breitengrade auf dem rechten Rande im unteren Drittel der Karte müssen heissen:

27° 26'	statt	27° 18'
27° 28'	„	27° 20'
27° 30'	„	27° 22'
27° 32'	„	27° 24'
27° 34'	„	27° 26'
27° 36'	„	27° 28'
27° 38'	„	27° 30'

Die Ziffern auf dem linken Rande sind in entsprechender Weise zu ändern.

ro. München 2 NW 2.

FSC
www.fsc.org
MIX
Papier | Fördert gute Waldnutzung
FSC® C083411

Zeitfracht Medien GmbH
Ferdinand-Jühlke-Straße 7
99095 Erfurt, Deutschland
produktsicherheit@kolibri360.de